MUXU YANMAI KEPU XILIE CONGSHU

苜蓿燕麦科普系列丛书

总 主 编：贠旭江

副总主编：李新一　陈志宏　孙洪仁　王加亨

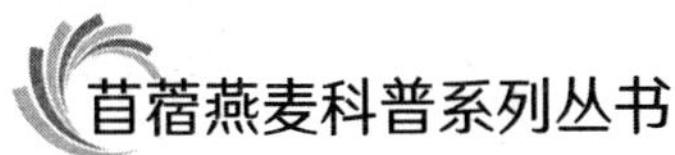

燕麦种质篇

MUXU YANMAI KEPU XILIE CONGSHU
YANMAI ZHONGZHI PIAN

全国畜牧总站　编

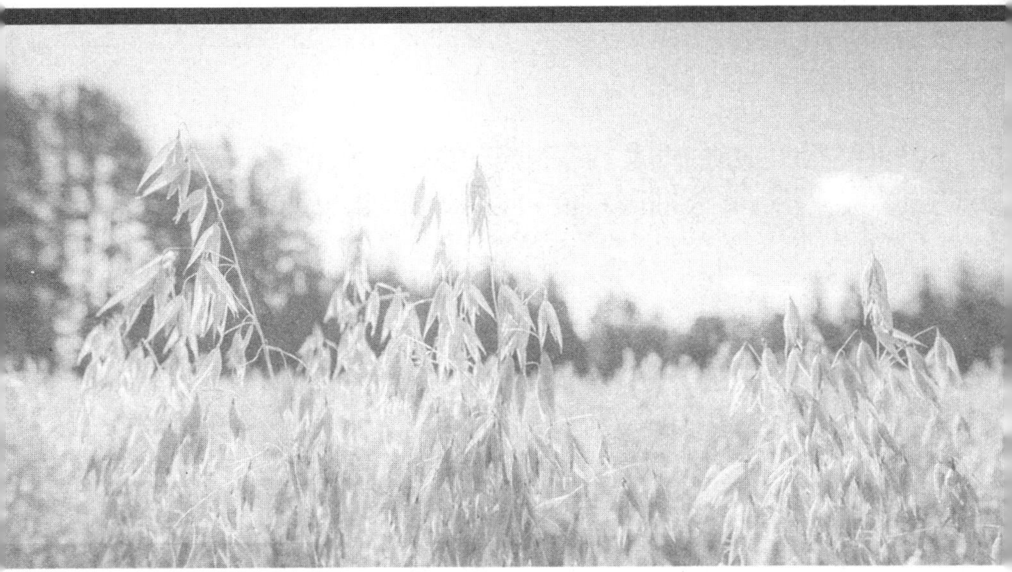

中国农业出版社
北　京

YANMAI ZHONGZHI PIAN

燕麦种质篇

主　　编　王　赞　刘　磊

副 主 编　刘文辉　孔令琪　黄　帆

编写人员（按姓名笔画排序）

王　瑜　王　赞　王学敏　王建丽　王晔菲

孔令琪　白健慧　刘　磊　刘文辉　齐　晓

闫伟红　李　俊　张铁军　张继泽　邵麟惠

武自念　罗　峻　周　仂　侯　湃　宫文龙

徐春波　郭　杰　黄　帆　程　晨　谢　悦

薛泽冰

美　　编　申忠宝　王建丽　梅　雨

前　言

20 世纪 80 年代初，我国就提出“立草为业”和“发展草业”，但受“以粮为纲”思想影响和资源技术等方面的制约，饲草产业长期处于缓慢发展阶段。21 世纪初，我国实施西部大开发战略，推动了饲草产业发展。特别是 2008 年“三鹿奶粉”事件后，人们对饲草产业在奶业发展中的重要性有了更加深刻的认识。2015 年中央 1 号文件明确要求大力发展草牧业，农业部出台了《全国种植业结构调整规划（2016—2020 年）》《关于促进草牧业发展的指导意见》《关于北方农牧交错带农业结构调整的指导意见》等文件，实施了粮改饲试点、振兴奶业苜蓿发展行动、南方现代草地畜牧业推进行动等项目，饲草产业和草牧融合加快发展，集约化和规模化水平显著提高，产业链条逐步延伸完善，科技支撑能力持续增强，草食畜产品供给能力不断提升，各类生产经营主体不断涌现，既有从事较大规模饲草生产加工的企业和合作社，也有饲草种植大户和一家一户种养结合的生产者，饲草产业迎来了重要的发展机遇期。

苜蓿作为“牧草之王”，既是全球发展饲草产业的重要豆科牧草，也是我国进口量最大的饲草产品；燕麦适应性强、适口性好，已成为我国北方和西部地区草食家畜饲喂的主要禾本科饲草。随着人们对饲草产业重要性认识的不断加深和牛羊等草食畜禽生产的加快发展，我国对饲草的需求量持续增长，草产品的进口量也逐年增加，苜蓿和燕麦在饲草产业中的地位日益凸显。

发展苜蓿和燕麦产业是一个系统工程，既包括苜蓿和燕麦种质资源保护利用、新品种培育、种植管理、收获加工、科学饲喂等环节；也包括企业、合作社、种植大户、家庭农牧场等新型生产经营主体的培育壮大。根据不同生产经营主体的需求，开展先进适用科学技术的创新集成和普及应用，对于促进苜蓿和燕麦产业持续较快健康发展具有重要作用。

全国畜牧总站组织有关专家学者和生产一线人员编写了《苜蓿燕麦科普系列丛书》，分别包括种质篇、育种篇、种植篇、植保篇、加工篇、利用篇等，全部采用宣传画辅助文字说明的方式，面向科技推广工作者和产业生产经营者，用系统、生动、形象的方式推广普及苜蓿和燕麦的科学知识及实用技术。

本系列丛书的撰写工作得到了中国农业大学、甘肃农业大学、中国农业科学院草原研究所、北京畜牧兽医研究所、植物保护研究所、黑龙江省农业科学院草业研究所等单位的大力支持。参加编写的同志克服了工作繁忙、经验不足等困难，加班加点查阅和研究文献资料，多次修改完善文稿，付出了大量心血和汗水。在成书之际，谨对各位专家学者、编写人员的辛勤付出及相关单位的大力支持表示诚挚的谢意！

书中疏漏之处，敬请读者批评指正。

目 录

一、燕麦种质资源的收集

(一) 种质资源的野外考察收集

1. 野外考察收集涉及哪些内容?

通过野外实地考察收集可以了解当地燕麦种质资源的种类、特征、分布、生境、数量等性状。野外考察收集的目标主要是采集燕麦种质资源种子、植物标本和数字图像。考察收集

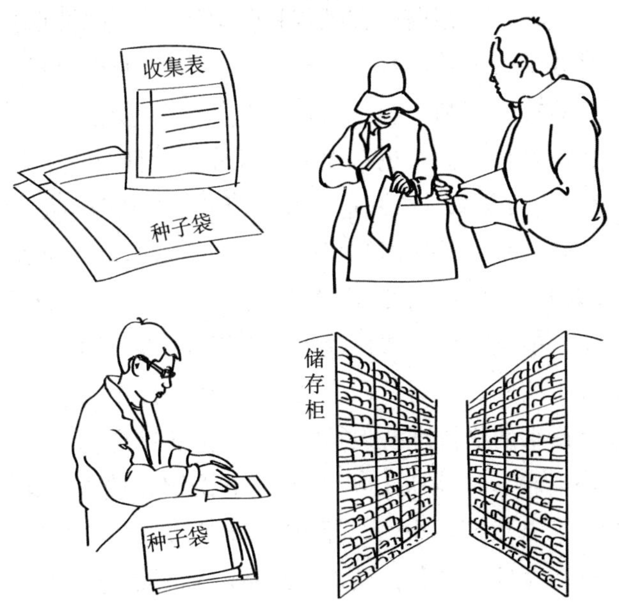

图 1-1　燕麦种质资源考察收集工作程序

的工作程序可分为四个阶段：一是准备工作阶段，二是野外作业阶段，三是室内整理和总结阶段，四是已采集种子的编目和入库保存工作。

2. 野外考察收集应做好哪些准备工作?

燕麦种质资源野外考察收集的准备工作非常重要，决定着种质资源种子收集、标本采集、图像采集的质量与数量。准备工作主要包括以下内容：考察计划的制订、考察区的确定、文献资料的收集、考察队的组建以及物资准备。同时制订详细的考察采集表。

考察计划的制订包括考察地区和时间、考察人员组成、考察路线及日程、物资准备等。考察区可依据燕麦种质资源分布最多的地区、尚未进行考察的地区、燕麦种质资源损失威胁最大的地区而定。考察前的文献资料收集涉及自然地理方面的资料，包括地形、地貌、水文、气候、土壤、植被、自然区划等以及植物方面的资料，包括植物志、分类、地理等。考察队依据考察区域及任务大小进行组建，可分为大型、中型和小型考察队（组）。考察队（组）应以中青年为主，实行队（组）长负责制。队（组）长应由知识面较广、熟悉本专业业务、具有一定组织协作能力的科学家担当。队（组）员应由熟悉业务、身体健康、能吃苦和能协作共事的人组成。在考察队（组）内部既要分工明确、各司其职，又要互相协作，团结共事。考察前需进行详细的物资准备包括放大镜、GPS、照相机、卷尺和卡尺、采集箱、标本夹、吸水纸、小铁铲、剪刀、镊子、布袋、铅笔、记号笔、小刀、橡皮、曲别针、橡皮筋等采集用品，背包、雨具、水壶、风镜、药品箱及药品等生活用品。也需要准备指南针、地图、笔记本电脑等物品。考察前应制备燕麦种质资源考察收集数据采集表（附表 1）。通常采集表包括采集号、采集地点、采集日期、种质名称等。考察前将数据采集表提前印刷装订成册备用。

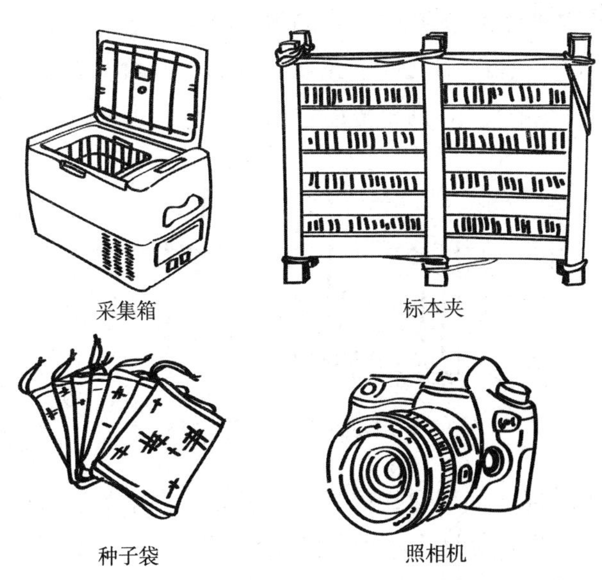

图 1－2　野外考察收集准备用品

3. 如何进行燕麦种质的野外考察？

考察前的准备工作对于野外考察的顺利进行起着非常重要的作用。首先要设置考察点，可依据相关的文献记载确定燕麦

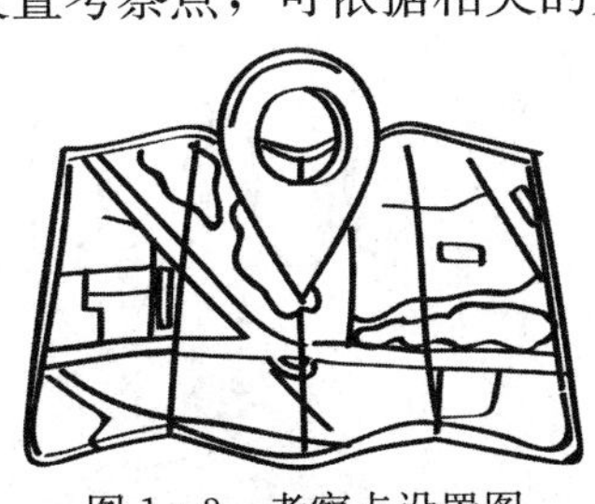

图 1－3　考察点设置图

种质资源的分布区，选择生境条件较丰富、分布较集中、植被保护较好的地段进行种子、标本采集和图像采集。特殊种质资源需要进行专门采集。

考察时间应根据燕麦种类的生育时期而定。为了得到更为完整的资料信息，尽可能在花期和果期进行两次考察。主要根据里程、交通条件、雨季等因素来拟定日程进度。

图 1-4　燕麦种质资源考察日程表

采集过程中要准确鉴定燕麦种质资源的种类。不同性状的材料分开采集，保证采集种子的遗传多样性。对成片分布的种类，可按随机取样方法进行采集，装入采集袋，挂上标签并填写“燕麦种质资源考察收集数据采集表”。野外燕麦种质考察还需要进行标本采集，植物标本是分类鉴定的重要依据。燕麦的花序和颖果是鉴定植物最重要的器官，因此，一定要采到有花或果实的植株。采集标本时，尽可能挖取全株。如果植株很

图 1-5　燕麦植株标本采集

大且湿，可剪取其带枝叶的花和果实器官。每份标本均挂上标签，并记录其编号，最好现场用标本夹压制，若时间紧也可放入采集箱到住地压制。

此外，野外考察有必要进行图像采集，图像的采集主要包括采集地植被、土壤、群落、地理地形、生境等分布信息和燕麦植株图像信息。数字图像也是分类鉴定的重要依据之一，应包括植株的重要分类学的关键特征，例如：根、茎、叶、叶舌、花序（小穗、小花、颖、稃、芒、小穗轴等）、种子等。摄影是野外考察信息和档案资料的组成部分。

图 1-6　拍摄燕麦植株

燕麦种质资源野外采集的样本主要是种子，其次是标本。对采集的每一份实物都应给予一个编号。将写有编号的标签挂在样本上，编号应与数据采集表的编号一致。一个完整和合格的采集样本，除了实物外，还必须有野外采集的原始记录。这是样本身份证明和基本档案信息，十分重要。收集的每一份燕麦种质资源，必须按照“燕麦种质资源考察收集数据采集表”的各项内容进行记载和填写，越详细越好。每天完成野外工作回到住地后都应该抓紧时间对采集的样本进行清理、翻晒和压制；对野外记录和摄影要进行核对、检查或补充。主要进行如下处理：对采集的燕麦种子，视具体情况，可以翻晒、脱粒或清选。将装种子的布口袋或尼龙纱袋放在空气流通的地方阴干。对野外采集的新鲜标本，若没有上标本夹的要上夹压制。对已上夹的标本，要经常更换吸水纸（草纸）。在换纸和翻压过程中，进一步将标本压平展，将标本夹捆紧，并将换过的吸水纸晒干，或放在干燥、阴凉通风处晾干，以备后用。对拍摄图像进行分类整理并标记。在清理种子和标本时，首先要核对每一份样本的实物与记录的编号是否一致，也要核对数字图像的编号，并进一步检查和补充记载项目和内容。

图 1-7　样本编号

4. 野外考察应注意哪些事项?

野外考察过程中要重视和注意安全，特别是坐专用汽车进行路线性布点考察时，一定要注意行车和人身安全。若遇有危险的道路及突发性自然灾害，一定要果断处理，将考察人员转移到安全地方。同时也要防止国家和个人的财物丢失。在草地、林间草地考察要防止迷路。一般最好 2 人以上同行考察，不要一人单独行动，保持手机充足电量并保持畅通。严格执行防火规定，在草地、林间和林缘考察，一定要遵守当地防火的有关规定，用火（如抽烟等）一定要在安全处，用完火后一定要确定其彻底熄灭后再离开。防止生病和意外受伤，野外考察时应准备感冒、发烧、胃肠、红花油、云南白药等常用的药物，生病或受伤严重时应及时就医。野外考察还应预防主要蚊虫鼠蚁等昆虫动物带来的伤害，应提前了解当地的相关情况。考察地在少数民族地区时，应了解当地少数民族的风俗习惯，并尊重他们的习俗，才能更好地开展考察收集工作。此外，考察地有时有野果、野菜和菌类分布，有些可食，有些有毒，在不了解的情况下，不要乱尝，以防中毒。事项中所涉及的内容应严格遵循，保证考察工作的圆满完成。

5. 考察结束后室内工作包括哪些内容?

室内工作非常重要，是考察收集工作重要环节之一。在野外考察收集工作结束后，应立即开展种子、标本、数字图像和图像数据信息的整理、鉴定、编目、总结和资料归档等工作。首先对野外采集的种子进行系统的检查和清理。脱粒种子应进一步清选，尚未脱粒的应尽快翻晒、脱粒和清选。清选后的种子称重和登记，保持种子的干燥。野外采集的标本应尽快翻压和换草纸，在此过程中应对标本和记录进行全面检查和清理。已压干和定形的标本，可以上台纸，上台纸最好用棉线固定，并在台纸的右上角贴标本野外记录笺，在左下角贴鉴定笺，供定名填写。此外，要对数据信息进行整理，检查“燕麦种质资源考察收集数据采集表”，一方面对没有填写的项目和内容进行补充，另一方面对有错误的进行改正，使野外记录和填写的内容进一步完善、准确和可靠。同时对野外拍摄的图片进行清理和命名。鉴定标本和定名是一项细致而严肃的重要工作，既可在标本上台纸之前，也可在上台纸之后进行。一般常见种，能定名的应写好鉴定笺，放在标本上或贴在台纸上。需要在室内进一步解剖和鉴定的种，应利用中国植物志、地方植物志及有关文献鉴定和定名。对个别疑难种，可由分类专家做深入鉴定和分类研究。对有可能是新物种（新变种和变型）的种质资源，应在形态解剖特征的细致观察和国内外文献考证研究的基础上进行描述、命名和发表。同时，在鉴定过程中，应注意同一个种在不同地形、气候、土壤等自然条件下所形成的不同生态型。野外采集的燕麦种子，经清选、整理和鉴定后，应编写燕麦种质资源考察收集名录，名录的项目包括采集号、种名、种质名称、采集地点、生境、经度、纬度、海拔、重量等。编入名录的种子应妥善短期保存，后移交中期库或长期库保存。

6. 野外考察后如何进行资料汇总?

野外考察后还应及时进行技术总结，内容应尽可能详细，以便作为原始资料，供撰写论文、深入研究和其他考察人员参考。技术总结的内容主要有考察的目的及任务，包括提出考察收集的依据、内容、目的及意义；考察区的自然环境条件，包括地形地貌、气候、水文、土壤、植被、人为活动状况等；考察收集的基本情况，主要是考察收集计划的实施过程和基本情况；考察收集取得的进展和初步成果，主要是考察收集的数量、种类、类型及特征特性、新发现的类型及生态型等，考察所获得的样本和信息在遗传育种、栽培草种的发掘利用、生物多样性保护以及在科学上的价值和作用；保护及利用建议，经验和教训；附件，主要是种子收集名录和考察路线图。最后应建立数据库及资料归档，对考察收集数据采集表、拍摄的图像信息、各种数据统计表、整理和鉴定结果、考察收集名录、技术总结等，均应规范、准确和完整地输入计算机，建立燕麦种质资源考察收集数据库，以便实现资源和信息共享。所有资料应按照资料归档的规定和要求，立卷归档。

（二）燕麦种质资源的征集

7. 征集包括哪些工作内容和程序?

征集是种质收集的一种方式。一般是通过行政或业务关系发文进行收集。燕麦种质资源征集是向单位、企业、公司、育种家等征集，既可是全国性征集，也可地区征集或个别单位征集。

燕麦种质资源征集的内容主要包括：征集部门制订征集工作计划；拟定和发布征集通知（征集函）；接受任务部门（单位、企业、公司、育种家等）收集的燕麦种质资源，并填写数据采集表，送至发函单位；发函单位统一鉴定、编目和入库保存。

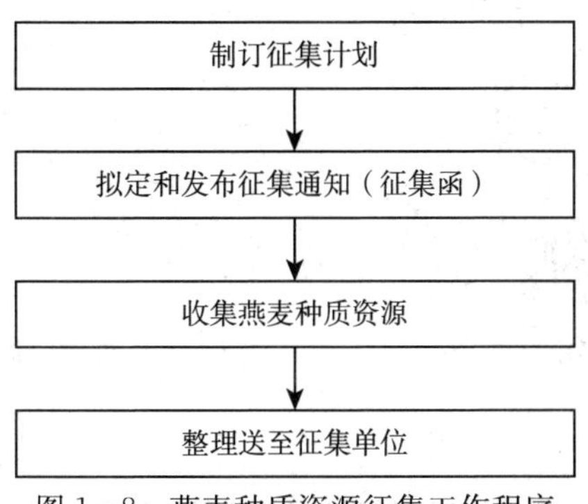

图 1-8　燕麦种质资源征集工作程序

8. 如何进行燕麦种质资源的征集?

收到农业农村部等部门关于燕麦种质资源征集通知的各省

市、区政府有关行政、科研等部门，可组织相关科研、育种、种子公司等业务单位，对本部门或单位已有的种质资源进行清理，或在本地区进行采集以备征集。同时，填写“燕麦种质资源征集数据采集表”。

对采集到的种子要及时晾晒，防止混杂。采集工作结束后，对采集的种子进行整理，填写和完善数据采集表（附表2）并装订成册。整理完成的种子包装后，按照时间节点发送至征集工作的主持单位。

发函征集种质资源单位，对从各省市、区有关部门或业务单位及个人征集到的燕麦种子和数据采集表，应及时集中进行清理和整理，开展主要特征特性的初步鉴定，编写征集名录。

在初步鉴定基础上，进行种子清选，编写燕麦种质资源入库名录，将附有目录的种子送中期库或长期库保存。

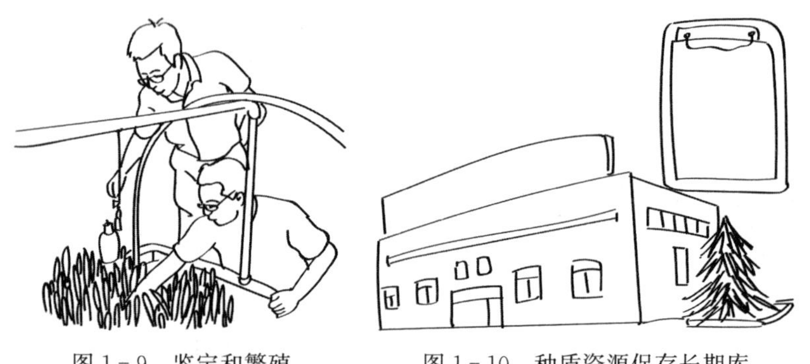

图1-9　鉴定和繁殖　　　图1-10　种质资源保存长期库

（三）燕麦种质资源的国外引种

9. 如何进行国外引种？

国外引种也是燕麦种质资源收集的方式之一。将国外有栽培利用价值的燕麦种质资源，通过不同途径引入我国，也是获得优良栽培草种和育种原始亲本材料的重要手段。

燕麦种质资源国外引种的途径主要有国际合作、科技协定、科学家互访、赴国外考察收集、外贸系统和驻外机构收集引进，以及民间团体和友好人士赠送等。国外引种的具体工作程序如图 1－11。

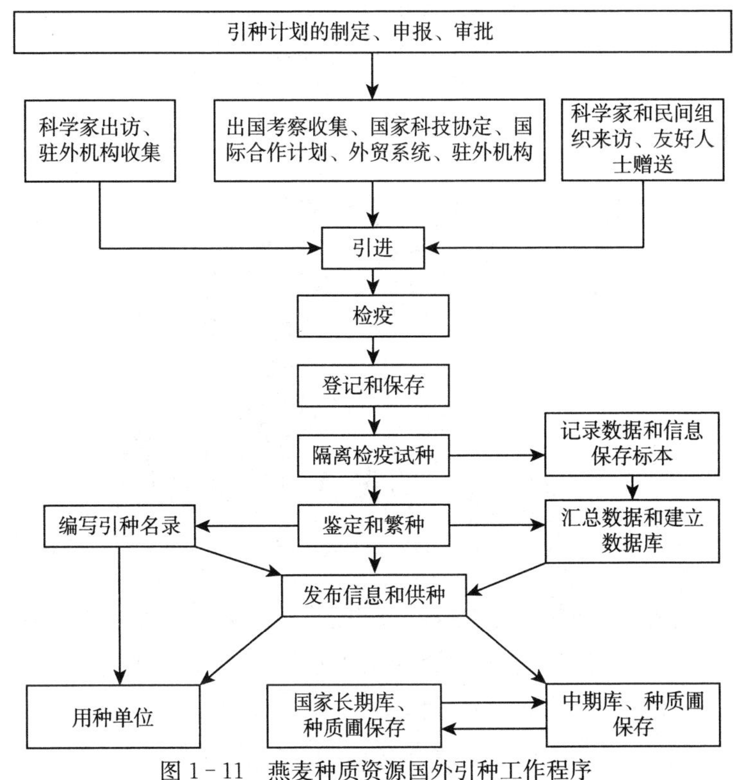

图 1－11　燕麦种质资源国外引种工作程序

10. 国外引种后需进行哪些重要工作？

根据《农作物种质资源管理办法》中的规定："单位和个

人从境外引进种质资源，应当依照有关植物检疫法律、行政法规的规定，办理植物检疫手续。”未发现检疫对象的种质资源，允许登记试种、鉴定。发现检疫对象的，由检疫部门或该部门指定单位及时采取有效措施处理或销毁，但对珍贵的种质资源销毁时应慎重。一时难以判断是否携带检疫对象的，应再细致地进行检疫。不执行检疫规定的单位或个人，一经发现，国家主管部门将在全国提出批评通告，特别是造成病、虫、草害的要依法追究责任。植物检疫部门应将检疫结果，及时反馈引种方。

图 1-12　检验检疫手续

引种单位或个人应当在国家规定的期限内，将引进的燕麦种质资源填写“燕麦种质资源引种数据采集表”（附表 3），有关数据信息报送全国归口管理单位统一登记。

《农作物种质资源管理办法》中规定：“引进的种质资源，应当隔离试种，经植物检疫机构检疫，证明确实不带危险性病、虫及杂草的，方可分散种植。”对新引进的燕麦种质资源在隔离检疫圃内试种，主要任务有三项：一是在种质资源适当的生育时期进行田间检疫；二是对种质资源主要农艺性状进行初步鉴定和增殖；三是留制原始标本。检疫试种部门应将检疫试种结果，及时返回给引种方。

图 1-13 燕麦种质在隔离检疫圃内试种

二、燕麦种质资源的保存

(一) 燕麦种质活力监测

11. 种质活力的检测依据有哪些?

种子活力是指种子在萌发和出苗期间的活性和行为的综合表现，如种子发芽率。种子活力是检验种子质量的重要指标，种子活力越低，贮藏寿命越短。种子衰老速度呈现“慢—快—慢”变化。种子存活曲线呈“反 S”形。目前，种子活力已成为预测种子田间表现的重要手段，可为种质繁殖更新及安全贮存提供理论依据。

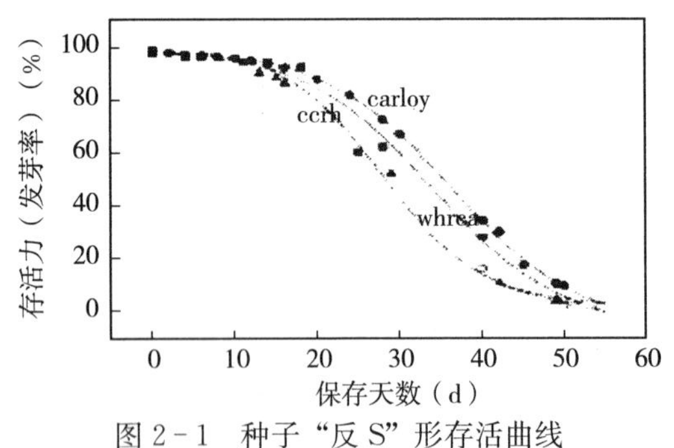

图 2-1 种子“反 S”形存活曲线

12. 种子活力检测有哪些技术?

种子活力分为直接测定法和间接测定法。在实验室可控的逆境条件下测定的种子发芽能力为直接测定法。间接法则是在实验室测定与田间出苗率相关特性指标的种子活力检测法。在种子活力测定中分为标准发芽试验、生理生化测定、分子生物学测定、逆境抗性测定等方法。各种测定方法的优缺点详见附表4。

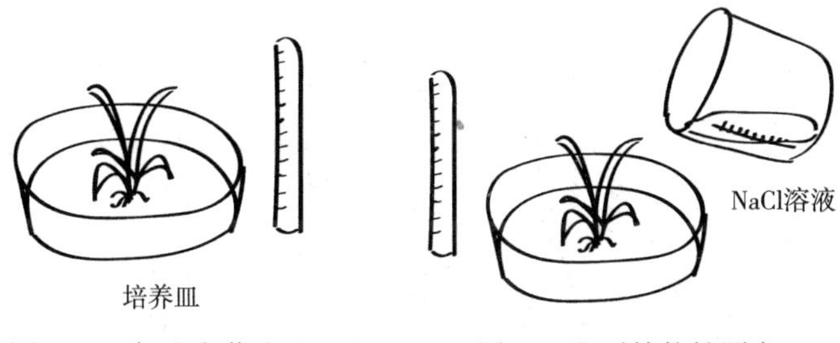

图2-2 标准发芽法　　图2-3 逆境抗性测定

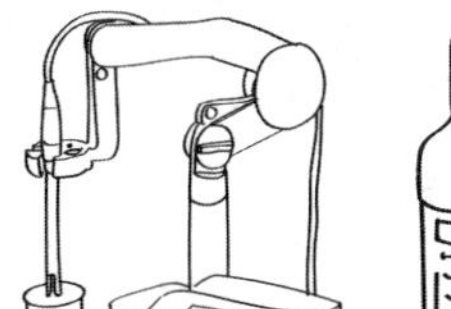

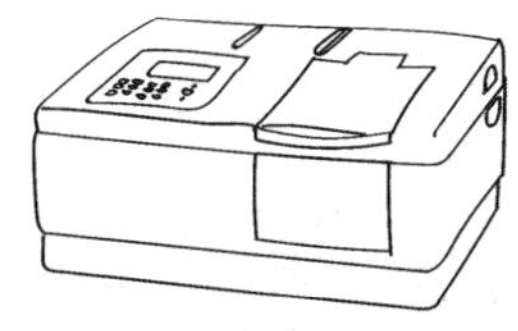

图2-4 生理生化测定

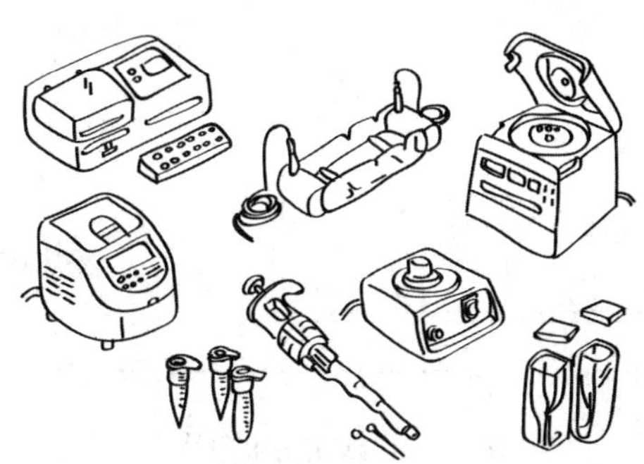

图2-5 分子生物学测定

随着现代科学技术的发展，一些新型种子活力无损检测方法得到了应用尝试，例如，机器视觉、近红外光谱、软 X 射线、电子鼻等新型检测技术。每一种检测技术都有自己独特的效果。各种新型种子活力检测方法的技术特点详见附表 5。

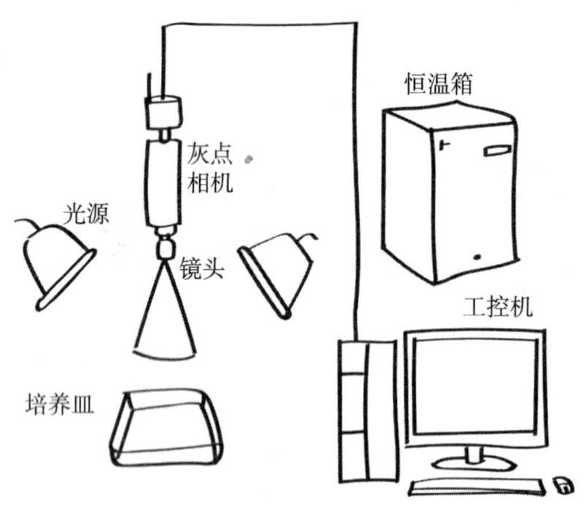

图 2-6　机器视觉技术

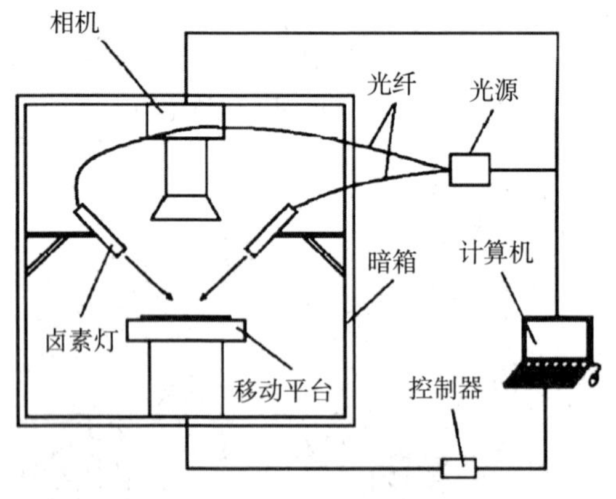

图 2-7　高光谱检测技术

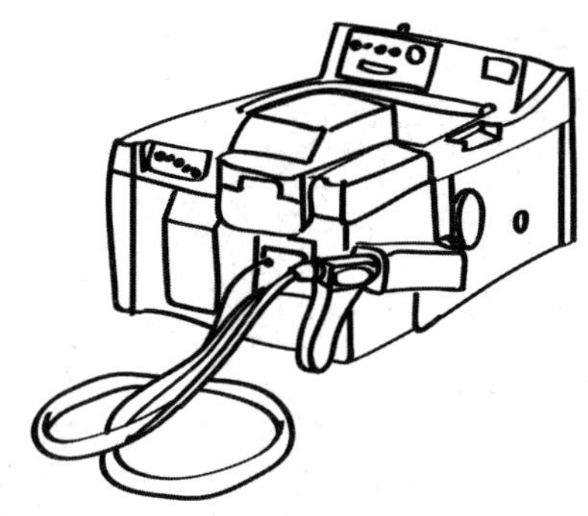

图 2-8　近红外光谱检测技术

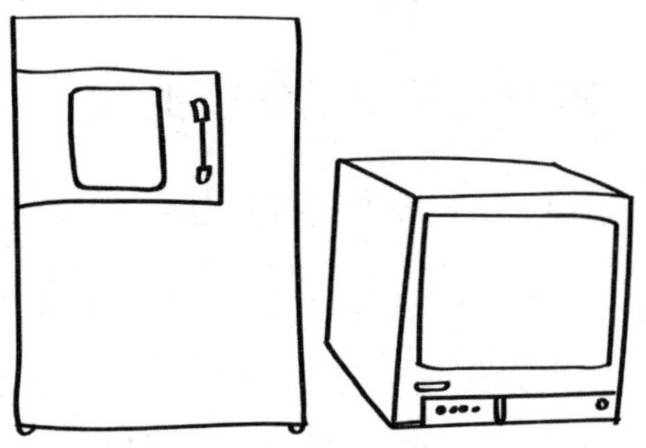

图 2-9　软 X 射线技术

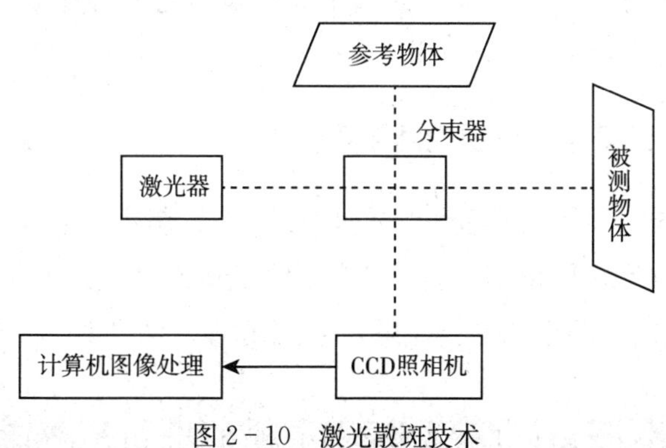

图 2-10　激光散斑技术

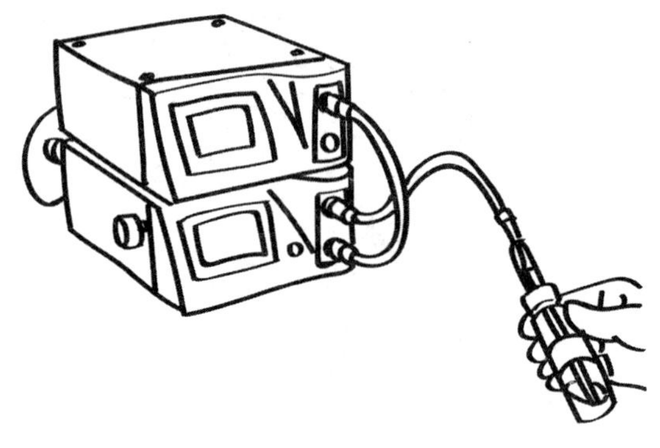

图 2-11　电子鼻技术

（二）燕麦种质资源的繁殖更新

13. 为什么要进行燕麦种质资源的繁殖更新?

繁殖更新是燕麦种质资源得以持续保存和提供利用的保证。只有对收集和保存的种质资源进行科学的繁殖更新，才能提供遗传完整且稳定的活种质进行保存和利用。种质资源在种质库中随着贮藏时间的延长，种子生活力逐渐下降。此外，由于鉴定、分发、检测及研究利用等原因消耗种质资源，需及时繁殖更新库存种子。

14. 燕麦种质资源如何繁殖?

首先需要了解燕麦种质的特征特性、制定繁殖更新计划，如田间设计、种植前准备、田间种植与栽培管理、性状调查核对与去杂、收获与种子处理、数据处理、清单编写与质量检查等。

在繁殖之前，了解燕麦种质资源的基本信息，包括生物学

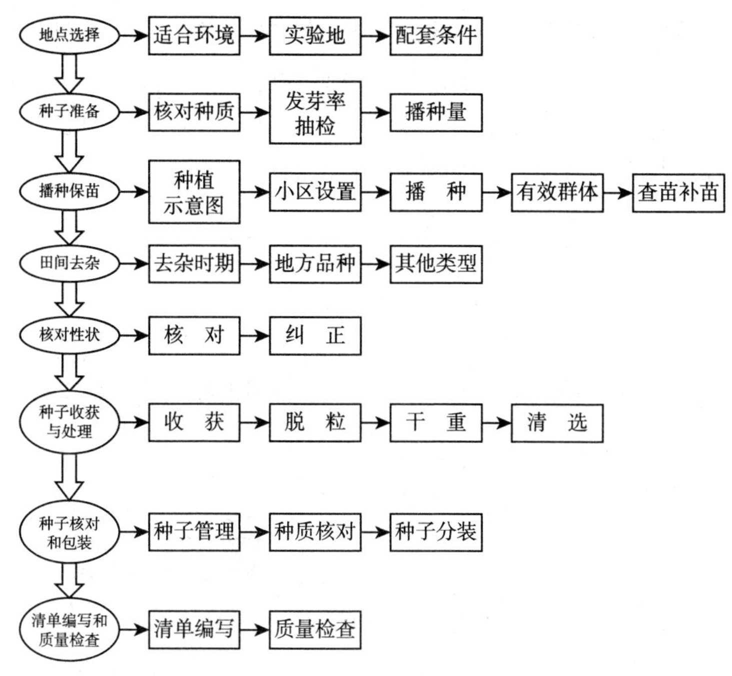

图 2-12　种质材料更新繁殖流程图

特性、植物学特征、农艺学特性、种子生理特性、来源、生境等信息。根据种子活力监测以及供种量提出繁殖更新名录，制定合理的繁殖更新计划。繁殖前编制好繁殖更新数据采集表，内容包括小区号、种植前编号、库编号、种质名称、原产地（来源）、种质类型、繁殖单位、繁殖时间、生育期、主要特征性状、备注等。地点选择原则上应选种质原产地或与原产地生态环境条件相似的地区，国外引进种质选择类似的生态区，经过适应性鉴定后确定适合繁殖的地区。种子的准备需核对种质名称、编号、种子特征。发芽率的检测参照《GB/T 2930.4 牧草种子检验规程——发芽试验》执行。种子保存量少的种质，取少量种子进行发芽实验。播种量根据抽测发芽率和更新群体确定。种用量计算应根据每份种质发芽率、计划繁种量来确定，计算公式为：种用量＝计划繁种量/种子发芽率。按种质类型进行分类、登记、分装和编号，提取种子应随机取样，以保证繁殖材料的代表性。

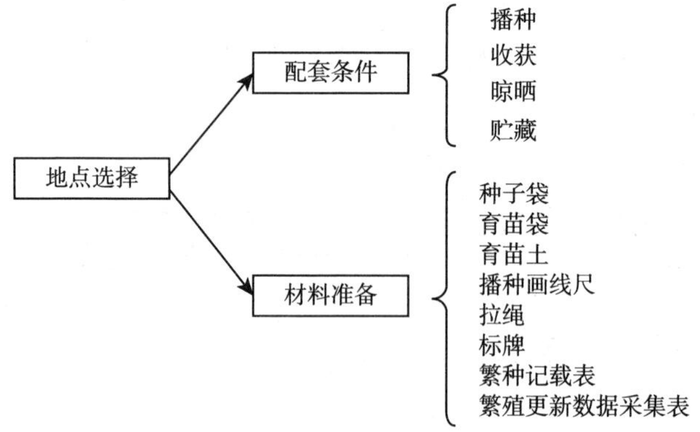

图 2－13　试验地点应有的配套条件和材料准备

播前将繁殖田深翻、耙平，依据每份繁殖种质的用地面积（小区面积）和计划繁殖份数（小区数），来计算所需要的总用地面积。计算公式为：用地面积＝小区面积×繁殖小区份数＋走道面积＋保护行面积＋水渠面积（如有喷灌系统除外）。小区数由繁殖更新份数决定，每份种质设 1 个小区。小区之间应留出 1 行空行，每 2 排小区之间留出人行道，以便观察记载。繁殖田四周应留出 2～4 行保护行，保护行种植材料与繁殖更新材料不同属或科为佳。小区内行距约为 40cm。我国春播燕麦一般在 4 月上旬至 5 月上旬，也有迟至 6 月进行夏播，而长江流域各地春播可在 3 月上旬；秋播应在 10 月上旬，过早过迟易遭受冻害，具体播种时间可视自然条件和生产目的而定。播种密度一般要低于大田生产的播种密度，原种量少时，可采取精量稀播，提高繁殖率。播种的方法依据种子的数量，通常采用人工开沟，条播或穴播。插编号标签，避免种子错位和混杂。

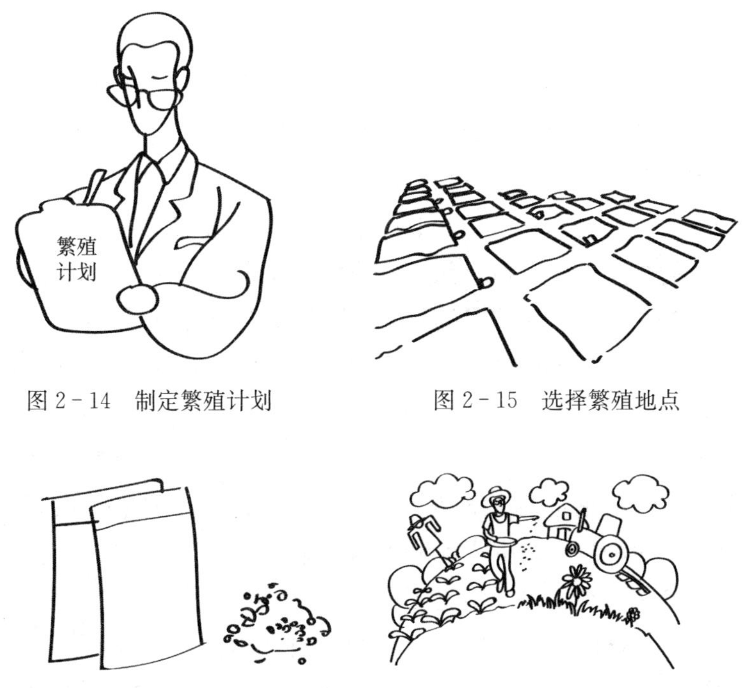

图 2－14　制定繁殖计划

图 2－15　选择繁殖地点

图 2－16　种子准备

图 2－17　播种保苗

15. 燕麦种质繁殖中有哪些技术要点?

燕麦种质繁殖过程中要注重田间管理，通常采用人工除草的方法及时铲除苗期杂草，在整个生育期间，适时拔除杂草，以保持材料的纯度和净度。更新繁殖的材料要实时浇灌，保证水分的充分供应。在分蘖前、拔节至抽穗期及时浇水。施肥最好以农家肥为主，化肥为辅，基肥为主，追肥为辅，分期分层施肥。在拔节和孕穗期可根据实际情况进行追肥。防治燕麦种质资源主要病害，一般采取预防为主、综合防治的方针，已发生病害或虫害的植株要及时处理。核对繁殖更新材料的编号，对明显有区别的材料进行去杂处理，以抽穗初花期为最佳时期。燕麦种子一般在完熟期人工收获，收获种子多用沙网种子袋或布袋，袋口和袋内要放标签，注明小区号和收种时间。收获的种子应及时分开晾晒，晾晒干燥后一般采用人工脱粒。脱粒完的种子连同原标签仍装回种子袋，并核实与袋口标签一致无误。脱粒装袋后及时晾晒，使含水量降到13%以下。入库种子的含水量要求可参照《农作物种质资源保存技术规程》。

按照《牧草种质资源描述规范和数据标准》和《GB/T 2930.3—2001牧草种子检验规程——净度分析》的质量要求，进行种子清选。按照入库的标准对每份种质包装袋标注库编号、种质名称、繁殖年份、种子质量，袋内要放相同标注的标签。按材料编号顺序整理和登记，核对编号，对照标本和种质目录核对种质。根据入库种子需求量，用尼龙袋、布袋、纸袋等分装和称重。需要邮寄的种质避免用纸袋装种子。燕麦种质清单包括田间小区号（繁殖更新的种质编号）、库编号、种质名称、繁殖单位、繁殖地点、繁殖时间、种子量等。繁殖更新结束后，对繁殖更新数据进行整理，建立纸质档案，同时建立

图2-18　田间管理

电子档案和数据库。对繁殖更新数据进行汇总、归类、统计和分析，形成当年的繁殖更新工作报告，供下年度制定繁殖更新计划参考。

图 2-19　性状核对与去杂

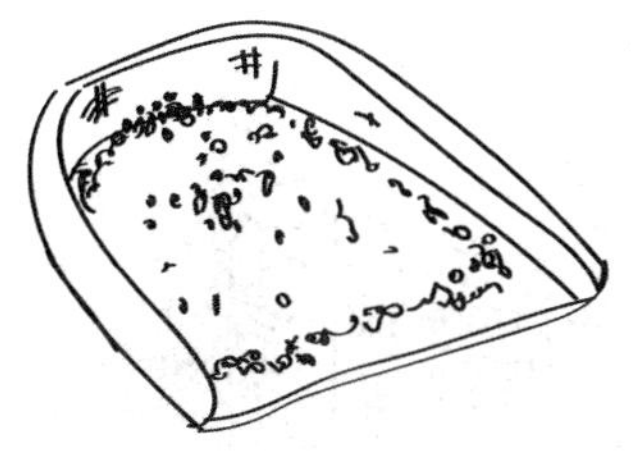

图 2-20　种子收获与处理

图 2-21　种子核对和包装

繁殖更新清单

种质编号：
种质名称：
繁殖单位：
繁殖地点：
种子量：

图 2-22　清单编写

图 2-23　燕麦种质电子档案和数据库

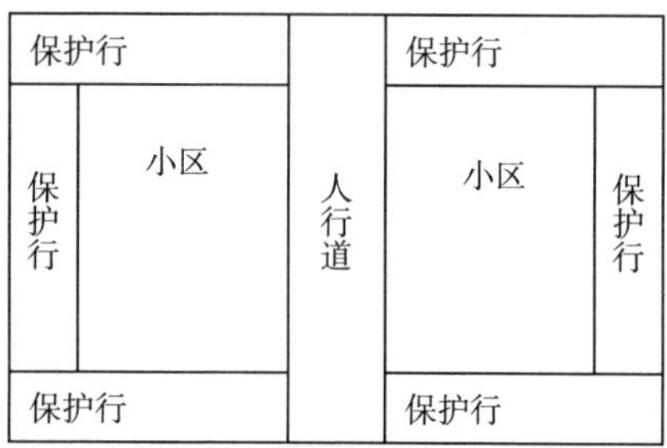

图 2-24　繁殖更新小区设计图

（三）燕麦种质资源的保存

16. 燕麦种质资源的保存有哪些方法？

种质资源的保存主要有原生境、非原生境及两者相结合的保护方式。最主要的保存方式为种子、离体材料和基因文库的异位保存。

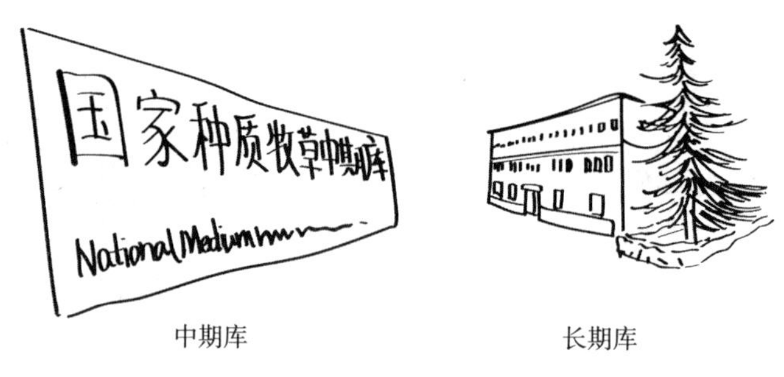

中期库　　长期库

液氮罐

图 2-25　种质资源的保存设备

种质材料一般通过低温种子库保存，其中种质长期库（－18～－10℃），种子寿命长达 50～70 年，甚至超过 100 年；中期库（0～5℃）保存种子寿命 15～20 年；短期库（15～20℃）保存寿命为 3～5 年。

种质材料也可通过超低温冷冻保存，种子的超低温保存是指将种子投入到液态氮（－196℃）或气态氮（－150℃）条件下进行保存。在此温度下，大多数植物的种子新陈代谢活动基本停止，劣变最大限度降低，理论上可以保存成百上千年。

17. 燕麦种质资源有哪些保存形式？

燕麦种质保存的形式有种子保存和离体保存。对于种子保存，低温种质库贮存种子含水量低于 5%，可以使种子的贮藏寿命成倍延长。入库的种子须经过干燥处理并达到适宜的水分要求。

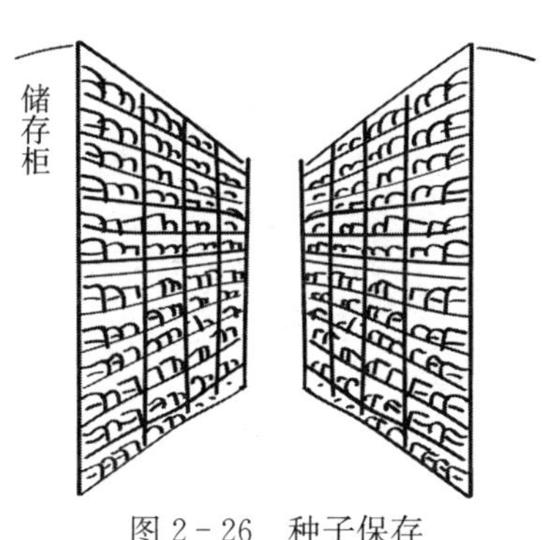

图 2－26　种子保存

离体种质保存主要有低温保存和超低温保存两种方式。离体培养保存主要是利用组织培养技术获得特定培养材料（细胞、组织、器官等）进行种质保存的方法。用于离体培养保存的植物材料可以是离体小植株、器官（茎尖、芽、根、花器等)、组织培养物(胚性组织和愈伤组织等)和细胞培养物(原生质体、细胞、细胞团等)。

图 2-27 离体保存

三、燕麦农艺性状评价技术

（一）农艺性状评价前的田间准备

18. 田间准备包括什么？

评价田应选择在适宜燕麦推广种植的区域。土地要平整、肥力要均匀，前茬要一致，最好是豆类作物。播前整地包括耕翻、深松耕、旋耕、耙地、耱地、镇压、作畦和起垄等环节。未进行秋翻土地，播前要翻耕（深度 20～25cm），耙耱碎土，整平待播，整地要求做到细、平、深、墒、净。整地前根据土壤墒情，进行适当灌溉，结合整地施入底肥。评价前，要对试验田基本情况进行调查记载。具体内容包括试验地所在的位置、地形、海拔、前茬作物、前期整地、施肥情况等。如果有可能最好进行土壤养分状况调查。

图 3－1　播前人工整地（左）和机械整地（右）

农艺性状评价采用小区评价方式。一般来说，小区大小以 3m×5m 或 4m×5m 为宜。小区宜在试验地块不同肥力变化方向上设置区组，同一品种/材料小区尽量避免在同行或同列上安排设置。为了避免试验小区受到干扰，一般还应在小区四周设置保护行。保护行一般宽度 2m，并选用其他作物作为保护行作物。小区间距以 0.8～1m 为宜；在各区组之间设置走道，以便田间取样和观测，小区走道宽度以 1～1.5m 为宜。

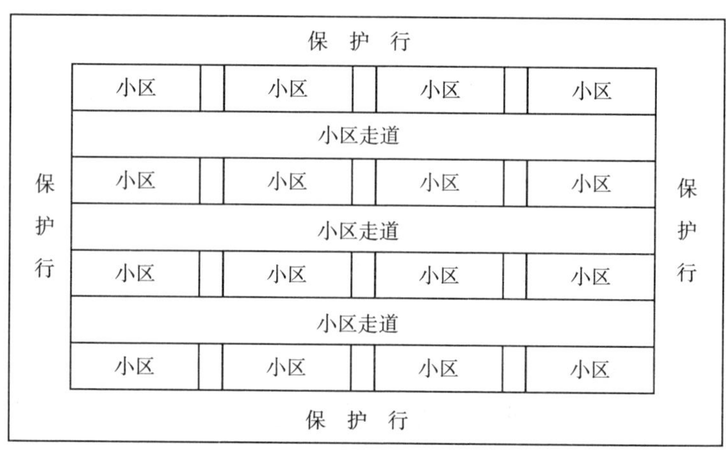

图 3-2　保护行与小区走道

（二）燕麦的生育期评价

19. 燕麦的生长发育要经历哪些阶段？

一般来说，燕麦要经历营养生长、营养与生殖生长并进和生殖生长三个阶段。前期主要以根、茎、叶、分蘖生长为主，中期为茎、叶、穗与果实生长发育并重，后期则以穗、粒生长为主。

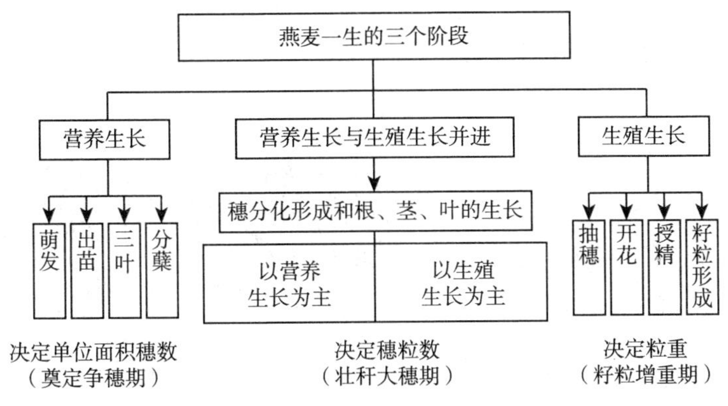

图 3-3　燕麦的生长与发育过程

20. 如何观测燕麦生育时期?

生育时期观测以不漏测任何一个生育时期为原则。在试验小区内选择有代表性的 4 个区域，每个区域内选 25 株，共计 100 株，观察记载某一生育时期的植株数，然后计算成百分率。生育时期观察尽量固定在下午进行。出苗期一般在播种后 10～15d 内，分蘖期至拔节期可每隔 7d 观测一次，孕穗、抽穗至成熟期每隔 4～5d 观测一次。在某一发育阶段（时期）来到之前及期间，应该每天进行观察。

21. 燕麦生育期观测内容是什么?

实际播种日期即为播种期。种子萌发后，50%的幼苗露出地面 1cm 的日期为出苗期。50%的植株长出分蘖的日期为分蘖期。50%植株第一节间露出地面 1.5cm 左右时为拔节期。50%植株穗子的顶部小穗抽出叶鞘时为抽穗期。50%植株颖片张开，雄蕊伸出颖外为开花期。有 50%植株的籽粒内充满乳汁，并接近正常大小为乳熟期。有 50%植株籽粒颜色接近正常，内具蜡状物时为蜡熟期。当80%以上籽粒变黄，为完熟期。从燕麦出苗到籽实成熟的总天数为生育天数。

图3-4　燕麦拔节期（左）、开花期（中）、成熟期（右）

（三）燕麦植物学特性评价

22. 如何评价燕麦茎部特征？

燕麦茎部特征主要包括幼苗习性、茎秆颜色、茎蜡质及茎粗等。在分蘖期观测幼苗生长状况，将幼苗习性分为直立、半直立和匍匐（图3-5）。在分蘖期，根据燕麦茎秆中部未被叶鞘包被的裸露茎秆颜色，将茎秆颜色分为浅绿、绿和深绿。茎蜡质是在抽穗至乳熟期，目测燕麦茎秆和叶鞘上是否有白色蜡状物，用无、少、多表示。在成熟期，用游标卡尺测量10株主茎地上第二节中部粗度，取10株平均值即为茎粗，用厘米表示。

图3-5　幼苗生长状况

23. 如何评价燕麦叶部特征？

燕麦叶部特征包括旗叶长宽、旗叶角度、旗叶硬度、叶鞘茸毛、叶缘茸毛等，在开花期进行调查。随机取 10 个主茎旗叶，用尺子测量每个旗叶叶片基部至叶尖的长度，取 10 个旗叶长的平均值，即为旗叶长度，单位为厘米。随机取 10 个主茎旗叶，用尺子测量每个旗叶叶片最宽处宽度，取 10 个旗叶宽度的平均值，即为旗叶宽度，单位为厘米。随机取 10 个主茎旗叶，观察旗叶与主茎的夹角，取 10 个旗叶角度的平均值，用锐角、中等（大约 90°）、钝角表示（图 3－6）。旗叶硬度是目测旗叶叶片是否弯曲和弯曲程度，用弯、稍弯、挺直表示。叶鞘茸毛是目测叶鞘是否有茸毛和茸毛的多少，用无（叶鞘无茸毛）、少（叶鞘有稀疏茸毛）、中（叶鞘有较多茸毛）、多（叶鞘有稠密茸毛）表示。叶缘茸毛是目测叶缘是否有茸毛和茸毛的多少，用无（叶缘无茸毛）、少（叶缘有稀疏茸毛）、中（叶缘有较多茸毛）、多（叶缘有稠密茸毛）表示。

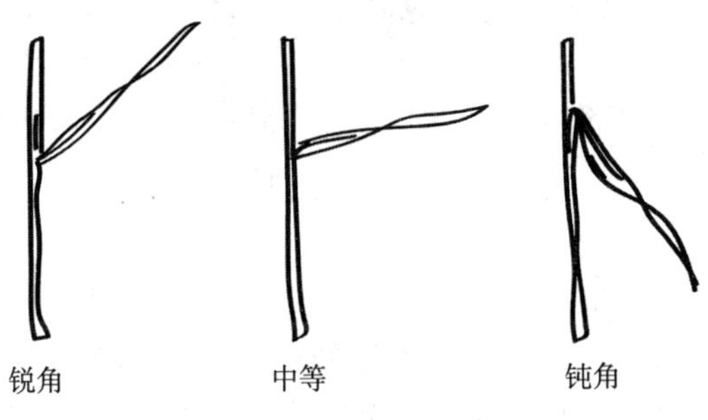

图 3－6　旗叶角度

24. 如何评价燕麦花序特征？

燕麦花序特征主要包括穗形、小穗形、穗直立性、小穗直立性、小穗数、穗长等，在成熟期观测。穗形是目测花序与穗轴的紧凑程度，分为周散形、侧散形、周紧形和侧紧形（图 3-7）。小穗形是查看小穗着生情况，分为鞭炮形、串铃形和纺锤形三种（图 3-8）。穗直立性是测量穗子与垂直方向的角度，分为直立（小于 15°）、半直立（15～60°）、下垂（大于 60°）。小穗直立性是测量小穗与垂直方向的角度，分为直立（小于 15°）、半直立（15～60°）、下垂（大于 60°）。小穗数是随机选择 10 个主穗，目测计数每个主穗的小穗数，取 10 个平均值。穗长是随机选择 10 个主穗，测量穗基部第一个轮层至顶部小穗（不含芒）的长度，取 10 个平均值。

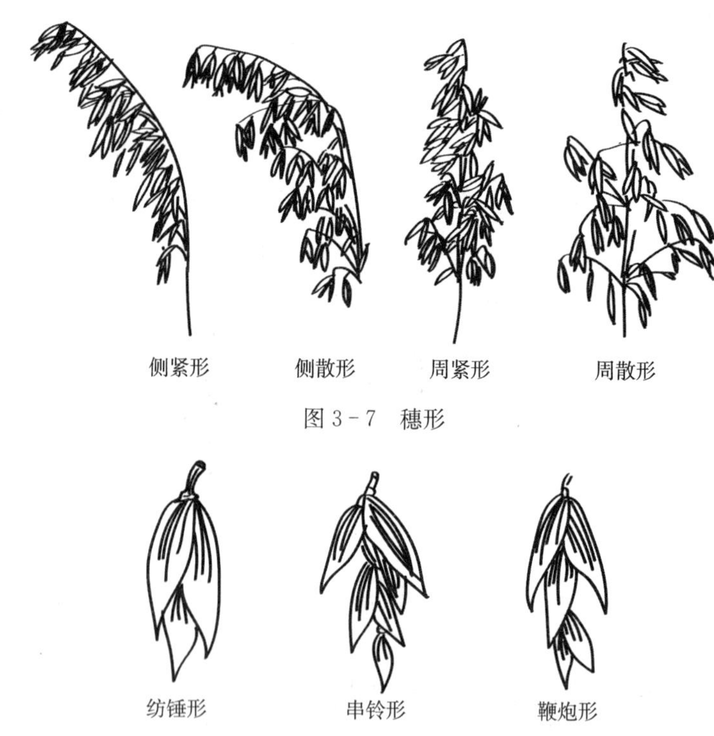

图 3-7　穗形

图 3-8　小穗形

25. 如何评价燕麦种子特征?

燕麦种子特征包括芒性、芒型、粒型、粒色、落粒性等。芒性是利用目测和尺子相结合，观测穗上部小穗是否有芒和测量芒的长度，可分为无芒、弱（芒长小于 2cm)、强（芒长大于 2cm)。芒形是目测有芒种质资源芒的形状，分为平直和扭曲（图 3－9)。粒形是观测籽粒形状，分为纺锤形、披针形、卵形、椭圆形和长筒形。粒色是观测籽粒的颜色，分为白色、黄色、红色、褐色、黑色和灰褐色等。落粒性是目测落粒程度，分为口松（遇风或过迟收割落粒较重)、中等（成熟期间不易落粒，遇风落粒较少)、口紧（成熟期间遇风不落粒)。

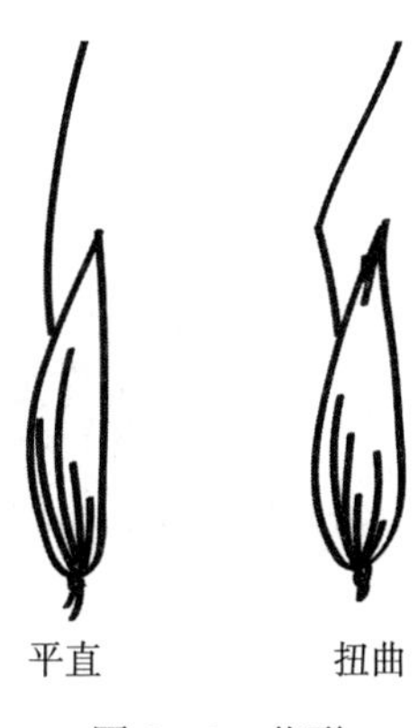

图 3－9　芒形

(四) 燕麦生产性能评价

26. 如何测定燕麦草产量?

燕麦草产量包括鲜草产量和干草产量，应该在开花期前进行测产。将试验小区内除两侧边行之外的植株全部刈割后称重，换算成千克/亩，取 3 次重复的平均值，即为鲜草产量。鲜草产量必须在田间测定，为防止水分散失，应及时称重。

干草产量是在鲜草测产样品自然风干或烘干后进行称重，单位为千克/亩。具体为，每次鲜草刈割测产后，从每小区随机取 3～5 把草样，将 3 个重复的草样混合均匀，取约 1 000g 的样品，剪成 3～4cm 长，编号称重，然后在干燥气候条件下，用布袋或尼龙纱袋装好，挂置于通风遮雨处晾干至两次称重之差不超过 2.5g；在潮湿气候条件下，置于烘箱中，在 60～65℃烘干 12h，取出放置室内冷却回潮 24h 后称重，然后再放入烘箱，在 60～65℃下烘干 8h，取出放置室内冷却回潮 24h 后称重，直至两次称重之差不超过 2.5g 为止。计算干草产量。

图 3－10　燕麦测产

（五）燕麦的种子质量检验

27. 燕麦种子质量分级标准是什么？

根据燕麦种子的纯度、净度、发芽率、种子用价、其他植物种子数以及水分等指标，可将燕麦种子质量分为原种（一级种子）、良种（二级种子）和商品种（三级种子）三个等级。具体分级标准见图 3－11。

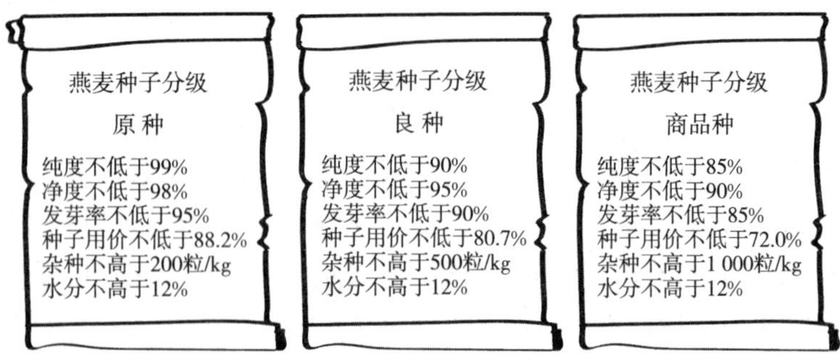

图 3－11　燕麦种子分级

28. 怎样抽取待测样品?

对于袋装种子，凡同一检验单位的材料在3袋以下的每袋都取样，4～30袋扦取其中3袋，31～50袋扦取其中5袋，51～100袋扦取其中10%。取样重量每袋200～500g，100袋以下共取3kg左右，101～400袋共取4kg左右，最低不得少于1kg。

对于堆放种子，按种子堆放面积分区设点，每区按5点取样（四角及重心），每年再分层取样。堆层高度在2m以下取上下两层，2m以上分上、中、下三层取样。堆放面积500m^{2}以上时每区取样应小于100m^2，堆放面积小于500m^{2}时取样面积不超过50m^2，用扦样器逐点逐层选取一定数量样品。

抽取样品后，再从上述样品中分取平均样品，供实验室分析。燕麦种子平均样品的重量一般为50～100g。

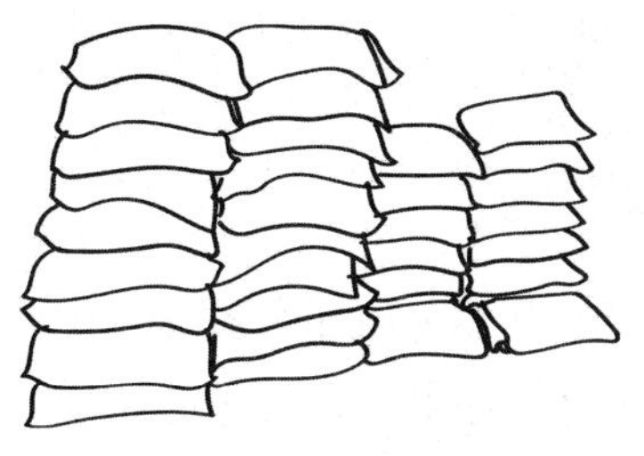

图3-12　袋装种子

图3-13　堆放种子

29. 如何测定燕麦种子纯度?

燕麦种子纯度鉴定有种子鉴定和小区种植鉴定两种方法。

种子鉴定有形态鉴定和快速测定两种方法。形态鉴定是通过放大镜逐粒观察区分品种和异种。快速鉴定包括苯酚染色法和氯化氢测定法。苯酚染色法是将燕麦种子浸在清水中18～24h，用滤纸吸干表面水分，放入垫有1%苯酚溶液湿润滤纸的培养皿内（腹沟向下），目测种子内外稃的颜色，将基本颜色不同的种子作为异种。氯化氢测定法是将燕麦种子放入氯化氢溶液（用38%的盐酸和水以1∶4的体积比进行混合）在玻璃器皿中浸泡6h，将种子取出放在滤纸上风干1h，根据棕褐色和黄色来鉴别。种子鉴定对区分不同属种比较准确，但无法区分燕麦不同品种。

田间小区种植鉴定是根据田间小区内植株形态进行鉴定。小区种植鉴定是鉴定品种真实性和测定品种纯度最常用、最可靠、最准确的方法。

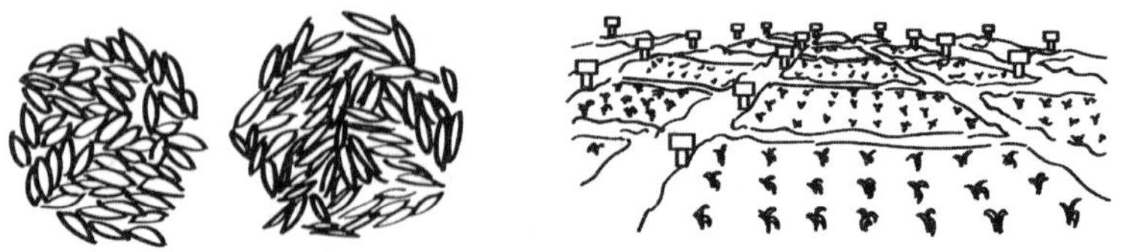

图3－14　燕麦种子纯度的种子鉴定（左）和小区种植鉴定（右）

30. 如何测定燕麦种子净度?

净度测定的目的就是检验种子有无杂质和杂质的多少，能否作播种材料用，为材料的利用价值提供依据。净度测定方法如下：

将平均样品用对角线分样法进行分取，燕麦净度样品的最低重量为1 000g。凡是夹杂在种子中的杂质以及不能当作播种材料用的废烂种子都要除去。其中，杂质是指土块、砂石、昆虫粪便、秸秆及其他草种。废烂种子是指无种胚种子、压碎压扁种子、腐烂种子、发了芽的种子以及小于正常种子1/2的瘦小种子等。将上述试样重量记录下来，再称其杂质、废烂种子重量，按照公式：净度（%）＝（样品总重量—杂质重量—其他植物种子重量）/样品总重量，计算种子净度。

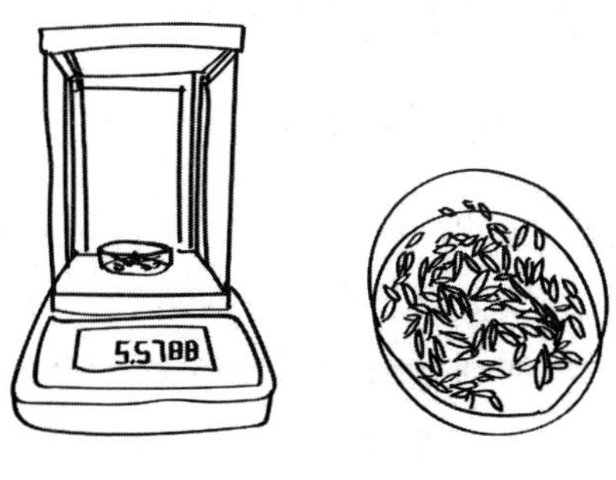

图 3－15　种子称重

31. 如何测定燕麦种子千粒重和含水量?

千粒重是指 1 000 粒自然干燥种子的质量，单位为克。它反映了供检种子的成熟度及营养物质储藏情况。测定方法为，随机抽取待测燕麦种子 1 000 粒，用 0.01g 感量的电子天平称取重量，取 3 次重复的平均值，即为该批样品种子的千粒重。

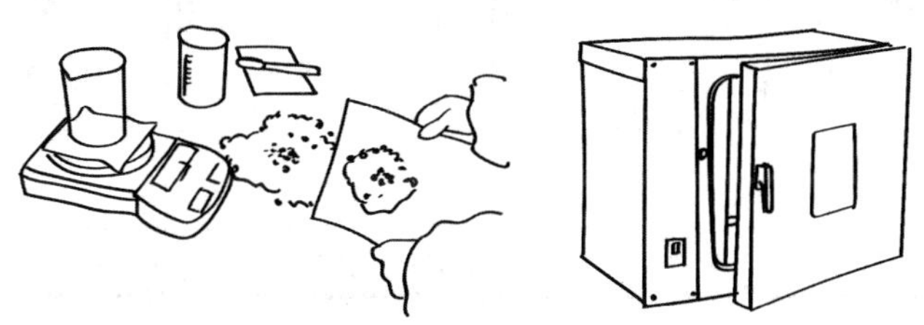

图 3－16　千粒重和含水量测定

种子含水量测定是随机抽取待测燕麦种子 50～100g，用 0.01g 感量的电子天平称其重量，在 105℃的烘箱烘至恒重，测定其干重，取3次重复的平均值，计算公式：种子含水量＝(样品鲜重－样品干重)÷样品鲜重×100％。

（六）燕麦品质性状评价

32. 如何评价燕麦干草品质？

按照农业行业标准《NY/T 2129 饲草产品抽样技术规程》的规定抽取燕麦干草样品。要求燕麦干草表面绿色或浅绿色，因日晒、雨淋或贮藏等原因导致干草表面发黄或失绿的，其内部应为绿色或浅绿色。无异味或有干草芳香味，无霉变。样品送有资质的机构进行水分、粗蛋白（CP）、中性洗涤纤维（NDF）、酸性洗涤纤维（ADF）和水溶性碳水化合物（WSC）等指标的测定。参照团体标准《T/CAAA 002—2018 燕麦　干草质量分级》，燕麦干草可以分为两种，即A型和B型，两种类型燕麦干草含水量均应小于14％。对粗蛋白含量在8％以上的燕麦干草产品（A型），分为4个等级。

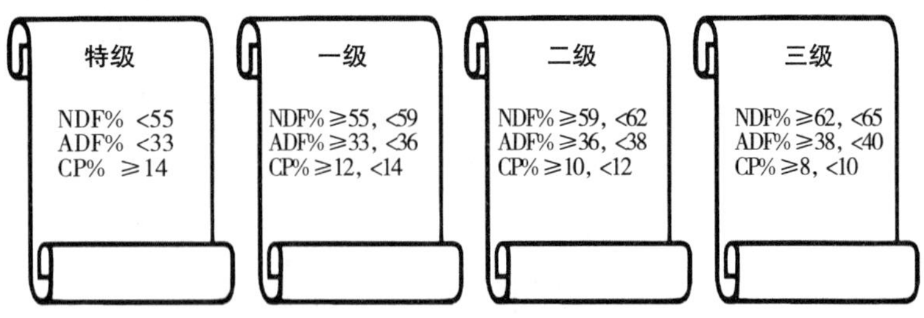

图3-17　A型燕麦干草分级

对水溶性碳水化合物含量在15％以上的燕麦干草(B型)，可分为4级。

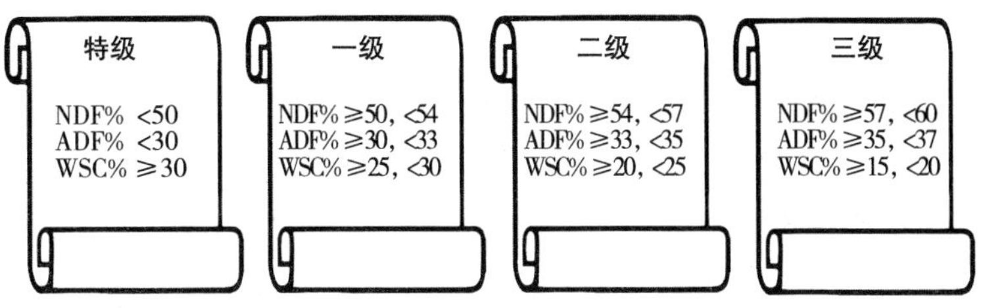

图 3-18　B 型燕麦干草分级

33. 如何评价青贮燕麦饲草品质?

按照农业行业标准《NY/T 2129 饲草产品抽样技术规程》的规定抽取青贮燕麦样品。要求样品颜色为浅绿色、黄绿色或黄褐色，无褐色或黑褐色，无明显霉斑；气味为酸香味或柔和酸味，无刺激的酸味、臭味、氨味和霉味；质地疏松、柔软，不成团、无结块。样品送有资质的机构进行 pH、氨态氮/总氮（N）、乙酸（AA）、丁酸（BA）、粗蛋白（CP）、中性洗涤纤维（NDF）、酸性洗涤纤维（ADF）和粗灰分（Ash）等指标测定。参照团体标准《T/CAAA 004—2018 青贮饲料　燕麦》，根据测定结果，可将青贮燕麦品质分为 4 个等级。

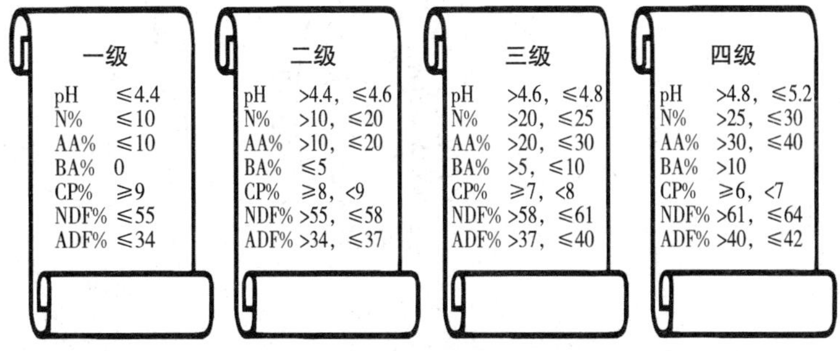

图 3-19　青贮燕麦品质分级

34. 如何进行燕麦适口性评价?

燕麦适口性是指牲畜对燕麦草产品的嗜食程度。适口性的优劣是由多种因素所决定，如化学成分、发育时期、形态特点、家畜种类、燕麦种类及植株部位等。采用直接观察与访问调查方法确定。根据采食状况，将燕麦分为嗜食、喜食和乐食3个等级。嗜食是在任何情况下都首先被采食，家畜表现贪食，适口性属优等。喜食是在一般情况下家畜都吃，但不专门从草丛中挑着吃，适口性良好。乐食为能经常被家畜采食，但不像前两类那样喜爱，适口性中等。

图 3-20　燕麦适口性

四、燕麦抗逆性评价技术

（一）燕麦抗旱性评价

35. 如何评价燕麦苗期抗旱性?

可以采用两次干旱胁迫—复水法进行燕麦苗期抗旱性鉴定。首先是鉴定前的准备工作。实验在塑料箱（长 60cm×宽 40cm×高 15cm）内进行。箱中装入 10cm 厚的中等肥力的壤土，灌水至田间持水量的 85%± 5%。播种后覆土 2cm，每个箱子保证有 50 株苗，3 次重复。第二步进行干旱胁迫。燕麦幼苗长至三叶期停止供水，开始进行干旱胁迫。当土壤含水量降至田间持水量的 20%～15%时复水，复水达到田间持水量的 80%左右，复水 120h 后调查幼苗存活数，以叶片转呈鲜绿色者为存活苗。重复此过程。第三步进行存活率测定及抗旱分级。根据两次干旱胁迫结果计算燕麦幼苗干旱存活率（DS）：

$$DS = \frac{DS_1 + DS_2}{2}$$

$$= \frac{X_{DS1} \cdot X_{TT} \cdot 100 + X_{DS2} \cdot X_{TT} \cdot 100}{2}$$

式中，DS 为存活干旱率实测值，DS_1 为第一次干旱存活率，DS_2 为第二次干旱存活率，X_{TT} 为第一次干旱前三次重复总苗数的平均值，X_{DS1} 为第一次复水后三次重复存活苗数的平均值，X_{DS2}为第二次复水后三次重复存活苗数的平均值。根据图 4-1 进行燕麦种质资源抗旱性分级。

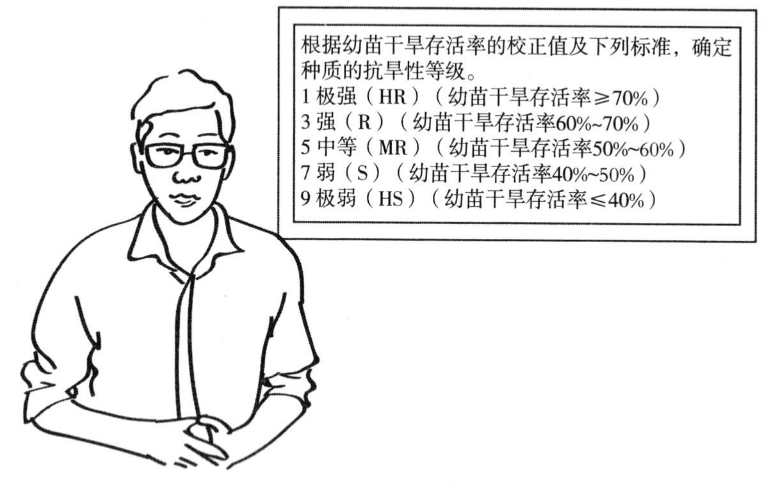

图 4-1　燕麦抗旱分级标准

（二）燕麦耐盐评价

36. 如何进行燕麦苗期耐盐性评价?

盐碱胁迫对植株的影响最主要是抑制植株各个器官的生长发育，最明显的变化是植株叶片萎蔫甚至枯黄、根系活力下降，根部吸收营养受到抑制、植株干物质量下降。已有研究表明燕麦在自然盐胁迫下其叶片和根系的水势较对照均有降低，且根系的水势下降幅度更大，其中裸燕麦较皮燕麦水势下降幅度大。

燕麦种质资源苗期耐盐性鉴定评价，可参照《NY/PZT2001—2002 小麦耐盐性鉴定评价技术规范》的方法和标准，将燕麦稀播于清洗无盐的石英砂中，保苗 100 株，待生长至三叶期，加灌 22mΩ±1mΩ 的 NaCL 溶液，经历 7d 调查

100 株幼苗的盐害症状，并划分盐害级别。根据幼苗盐害级别计算盐害指数（SI）。

$$盐害指数(\%)=[(\sum 1\times T1+2\times T2+3\times T3+4\times T4+5\times T5)/(5\times 100)]\times 100\%$$

式中，$T1$、$T2$、$T3$、$T4$、$T5$ 分别代表 1 类苗数、2 类苗数、3 类苗数、4 类苗数、5 类苗数。

图 4-2 燕麦盐害级别

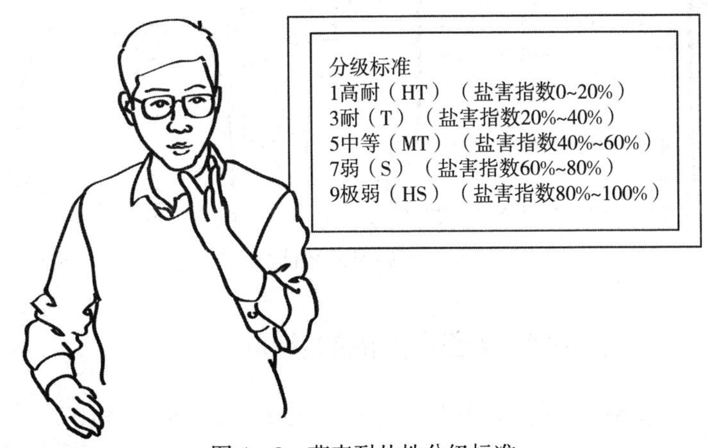

图 4-3 燕麦耐盐性分级标准

（三）燕麦抗病性评价

37. 如何进行燕麦秆锈病抗性评价?

燕麦秆锈病是由 *Puccinia graminis* Pers. 所引起。病菌在茎秆上形成孢子堆，破裂后散出橘红色的孢子，仅靠夏孢子气传即可完成侵染循环。燕麦秆锈病抗性鉴定可采用秆锈病自然发病田间调查方法。当试验区内发病明显时，对成株茎秆进行调查，记录发病程度（孢子堆占茎秆总面积的相对比率，SAR）。根据调查结果和相应标准可评价种质秆锈病抗性级别。由于燕麦秆锈病不同年份田间自然发病轻重不同，因此鉴定种质抗性试验中，需要设置对照品种为参照。如果感病对照品种不发病或发病不充分，则此鉴定无效。

图 4－4　燕麦秆锈病抗性分级

38. 如何进行燕麦坚黑穗病抗性评价?

燕麦坚黑穗病是由 *Ustilago segetum*（Bull.）Pers. 所引起。土壤和种子中的厚垣孢子是燕麦坚黑穗病主要的初侵染源。燕麦对坚黑穗病的抗性鉴定采用人工接种法。首先将接种物用燕麦散黑穗病菌制成孢子粉，准备好鉴定种质资源的种子，用接种物与种子混合拌种。其次将拌好的种子播种于试验田，生育期田间管理同大田。最后于燕麦种质资源成熟期，按种质分别调查发病株和总株数，按发病株率公式 $DP=n\times 100\%/N$ 进行统计。式中，DP 为发病株率，n 为发病株数，N 为总株数，根据相应标准进行种质抗性级别的评价。

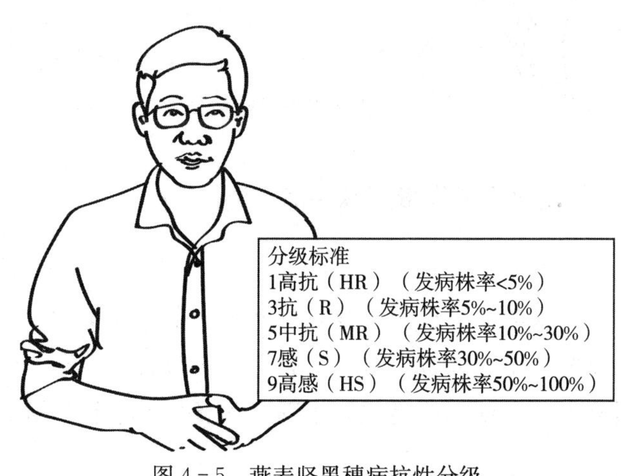

图 4－5　燕麦坚黑穗病抗性分级

39. 如何进行燕麦红叶病抗性评价？

燕麦从出苗到抽穗都有可能受蚜虫的侵染而发生红叶病。燕麦红叶病由 *Barley yellow dwarf virus* 所引起。发病叶片从叶尖向叶基逐渐变红。燕麦红叶病抗性鉴定主要采用红叶病自然发病田间调查方法。当试验区内发病明显时，对成株叶片进行调查，记录叶片发病程度。根据图 4－6 标准评价种质的抗性级别。燕麦红叶病不同年份田间自然发病轻重不同，因此试验中应设对照品种为参照。如果感病对照品种不发病或发病不充分，则此鉴定无效。

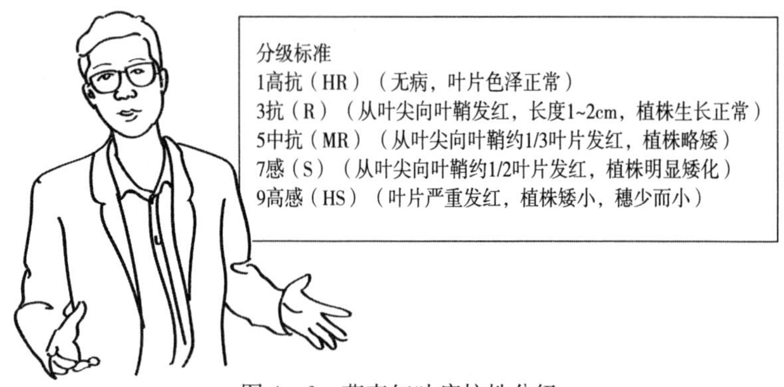

图 4－6　燕麦红叶病抗性分级

40. 如何进行燕麦散黑穗病抗性评价？

燕麦散黑穗病是由 *Ustilago avenae*（Pers.）Rostr. 所引起，主要以菌丝在种皮内越夏，种子是主要初侵染源。燕麦种质资源对散黑穗病的抗性鉴定，采用人工接种法。第一步，接种物用燕麦散黑穗病菌制成孢子粉，准备好鉴定种质资源的种

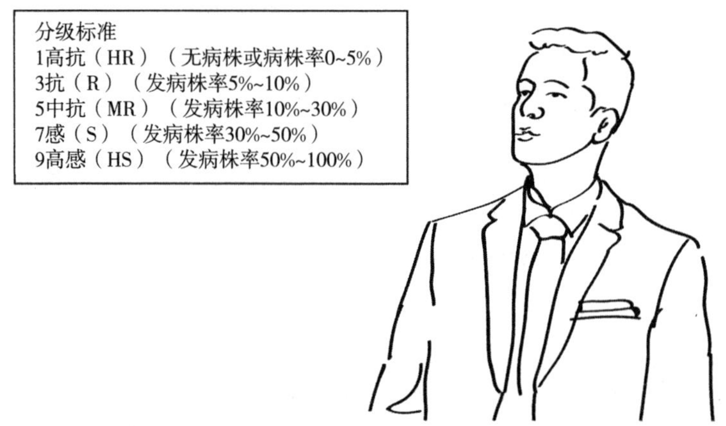

图 4－7　燕麦散黑穗病抗性分级

子，用接种物与种子混合拌种。第二步是将拌好的种子播种试验田，燕麦生育期田间管理同大田。第三步是待燕麦种质资源成熟期，按种质分别调查发病株和总株数，按 $DP=n\times100\%/N$ 进行统计。式中，DP 为发病株率，n 为发病株数，N 为总株数，根据相应标准进行种质抗性级别的评价。

41. 如何进行燕麦冠锈病抗性评价？

燕麦冠锈病菌（*Puccinia coronata* Corda.）以夏孢子在自身麦苗或其他寄主上越冬越夏，温暖潮湿的环境条件有利于发病。病菌在侵染的叶片上产生的点状孢子堆破裂后散出红褐色的孢子。燕麦冠锈病抗性鉴定可采用冠锈病自然发病田间调查法。当试验区发病明显时，对成株叶片进行调查，记录叶片发病程度（孢子堆占叶片总面积的相对比率）。根据调查结果及图 4－8 标准，评价种质秆锈病抗性级别。由于燕麦冠锈病不

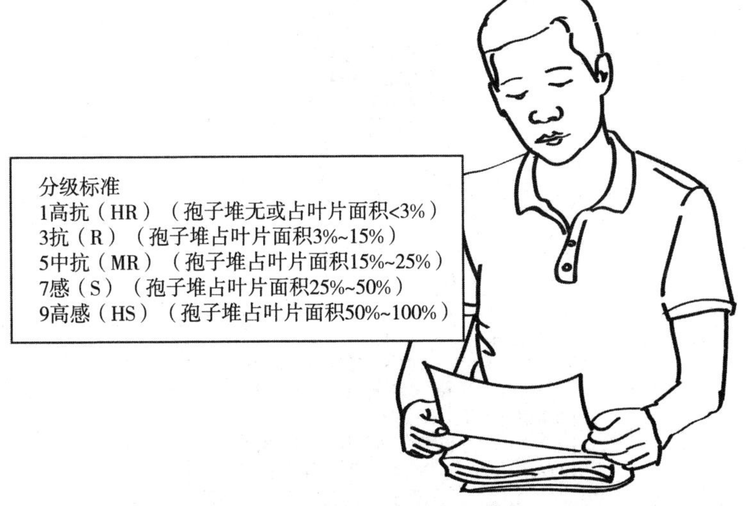

图 4－8　燕麦冠锈病抗性分级

同年份田间自然发病轻重不同，因此鉴定种质抗性试验中，应设对照品种为参照。如果感病对照品种不发病或发病不充分，则此鉴定无效。

（四）燕麦抗虫性评价

42. 如何进行燕麦蚜虫抗性评价?

危害燕麦的主要蚜虫为麦长管蚜（*Sitobion avenae*）。燕麦蚜虫抗性鉴定常采用燕麦蚜虫自生田间调查法。当试验区内蚜虫较多时，调查单株蚜虫数量和分布情况。根据单株蚜虫数量和分布情况及图 4－9 标准，评价种质蚜虫抗性级别。燕麦蚜虫抗性鉴定应设高抗、中抗和高感的对照品种。参照对照品种，对种质的抗性做出更准确的判定。如果高感对照品种植株上无蚜虫或蚜虫头数不多，则此鉴定无效。

分级标准
1高抗（HR）（单株有蚜虫5头以下）
3抗（R）（单株有蚜虫6~10头）
5中抗（MR）（单株有蚜虫11~30头）
7感（S）（植株上部叶片有较多蚜虫）
9高感（HS）（植株上部叶片密布蚜虫）

图 4－9　燕麦蚜虫抗性分级

五、燕麦基因发掘

（一）燕麦基因发掘方法

43. 什么是基因？

俗话说："种瓜得瓜，种豆得豆"，又说："龙生龙、凤生凤"。这些是动植物生命有机体所特有的"遗传"现象，即无论是植物体的外形、颜色、品质还是抗性，这些"性状"都能在一代代的繁衍中延续和保留下来。而植物体内控制遗传现象，保证植物各种性状表现的物质，则被称为遗传因子，也叫"基因"。

图 5－1　遗传的规律

基因其实是一段DNA分子，它以碱基序列的形式存在于整个DNA链上。所谓植物DNA，就是存在于植物体的一种物质，它由4种脱氧核糖核苷酸（腺嘌呤脱氧核苷酸A、鸟嘌呤核糖核苷酸G、胞嘧啶脱氧核苷酸C和胸腺嘧啶核糖核苷酸T）按照不同的顺序首尾相连，形成的细长的链条状物质。且这种结构是由两条反向平行互补的长链组成的。虽然脱氧核糖核苷酸只有4种，但是由于形成这种特殊的长链状结构，其排列顺序可以成千上万，从而保证了DNA分子可以携带大量的遗传信息。

DNA分子携带和传递遗传信息，那么这些信息是如何决定生物性状的呢？实际上，DNA分子有一套翻译密码，按照密码子，每3个碱基编码1个氨基酸，而基因上碱基的顺序，决定了氨基酸的排列顺序，进而决定了最终形成什么样的蛋白质。在生物体内，遗传信息的传递遵循着一个法则，即生物的遗传信息从DNA传递给RNA，再从RNA传递给DNA，完成遗传信息的转录和翻译。这一法则称为中心法则。

因此基因的定义是：承载特定的遗传信息的DNA片段，根据这些遗传信息可以编码具有生物功能的产物，包括RNA和多肽链，从而执行特定的生理生化功能。

44. 什么是基因发掘？

基因发掘实际上是将植物的表型（比如矮秆）与基因（赤霉素生物合成）联系起来的过程。这一过程可以分为两种思路：一种是从表型到基因，找到对人类有利的表型，然后通过表型找到控制它的基因，这种方法称为“正向遗传学”方法。另一种思路正好相反，是从基因出发追溯到表型，称为“反向遗传学”方法。

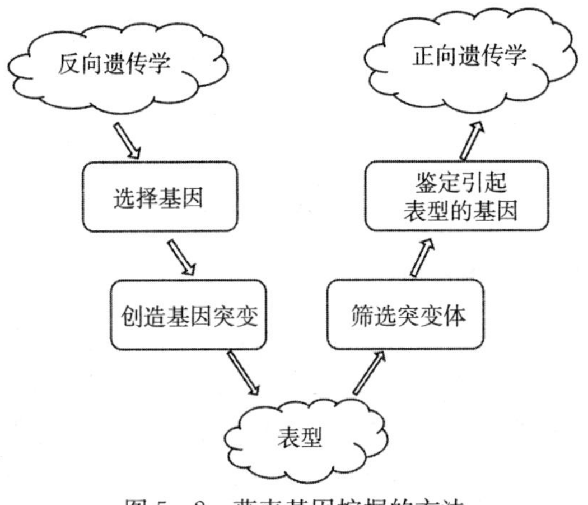

图 5-2　燕麦基因挖掘的方法

45. 正向遗传学方法有哪些?

传统的方法：图位克隆。这一方法要求有纯合的突变体，足够大的突变体 F_2 代群体，并且要有足够多和准确的分子标记。对于目前还没有基因组信息的燕麦来说，这种方法暂时不可行，因此就不赘述了。

图 5-3　正向遗传学的主要方法

现代生物技术迅速发展，提供了多种高通量、高效的基因发掘的手段。如转录组、蛋白组以及多组学基因发掘，全基因组关联分析、重测序 BSA 基因定位等方法。

46. 反向遗传学方法有哪些？

适用于燕麦的主要方法是同源克隆＋功能验证。

所谓的同源克隆是指，当我们想要获得一个物种的某个基因时，该物种（如燕麦）的基因组测序工作还没有完成，无法得到相关的信息。为了获得这个基因，可以利用生物信息学手段，从亲缘关系相近的物种，或者模式物种中寻找已经研究过或者预测过的相似度高的基因，通过序列同源性比较找出该基因的保守区，并在该保守区内设计引物，通过 PCR 扩增得到目标基因的保守区片段，然后再通过 cDNA 文库筛选或 RACE 技术获得该基因的 cDNA 全长，或者通过基因组文库筛选或者染色体步移技术获得该基因的全长。

图 5－4　反向遗传学的主要方法

下面分别以同源克隆技术和转录组学技术为例，介绍一下正向遗传学和反向遗传学方法发掘燕麦基因的方法。

（二）同源克隆发掘燕麦基因资源

47. 如何用同源克隆技术发掘燕麦基因？

首先选定模式物种中与所研究燕麦性状（高产、优质、抗逆）有关的关键基因，利用 blast 工具在相关基因组数据库（数据库网站：NCBI：https：//www. ncbi. nlm. nih. gov/）中检索该基因的同源基因，获得序列信息。

利用与研究性状相对应的条件处理燕麦材料，比如，该基因是抗病相关的基因，那么就用病原菌处理燕麦材料，然后收集被处理的组织（如叶片），根据植物 DNA/RNA 提取的方法，提取材料的总 DNA 或 RNA，RNA 反转录为 cDNA。目前植物 DNA/RNA 提取和 cDNA 反转录都有商业化的试剂或试剂盒可以使用。

利用检索到的序列设计引物，根据聚合酶链式反应（PCR）的原理，从燕麦 cDNA 或基因组 DNA 中克隆该基因。这里所说的引物就是一段人工设计并化学合成的脱氧核苷酸的短链。其脱氧核苷酸的序列与准备克隆基因的一段核苷酸序列是互补的。

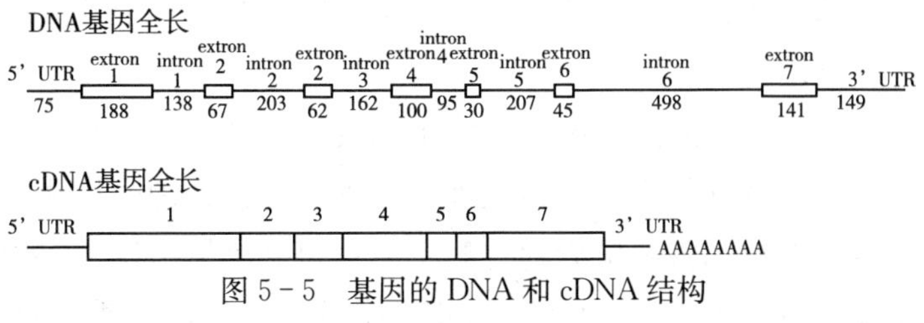

图 5-5　基因的 DNA 和 cDNA 结构

如果很不走运，在燕麦的数据库中没有找到同源基因的全长序列信息，但是这个基因我们又很想得到，那么就需要用到另外一种方法：RACE。RACE技术，全称为 rapid-amplification of cDNA ends，是基于PCR技术基础上的，由已知的一段cDNA片段，通过往两端延伸扩增从而获得完整的3′端和5′端的方法。该方法的优势是：免去了构建cDNA文库的麻烦，可以在短时间内获得全长信息。关于RACE的具体方法，目前也有商品化的试剂盒，主要推荐的公司是Clone Tech，根据说明书操作，就可以获得完整的3′端和5′端序列。

此外，如果研究者所要获得的是保守性很高的基因，也可以尝试一种更为简便的方法，就是根据已知其他物种的序列（最好是近缘种）直接设计引物，在本物种中进行PCR扩增，如果保守性足够高，往往能获得事半功倍的效果。

（三）转录组技术发掘燕麦基因资源

48. 转录组测序的过程是什么？

此处，我们以发掘燕麦的抗锈病相关基因为例。

目前，主流的转录组测序主要技术平台有：罗氏公司的454技术、Illumina公司的Solexa技术、ABI公司的SOLID技术。以Illumina公司的Solexa技术为例，其实验流程主要包括样品制备、样品检测、文库构建、质量控制和上机测序几步。主要过程如下：

利用筛选到的燕麦种质资源中的抗病个体和感病个体，分别对两类个体进行病菌侵染处理，分别取未经处理的抗病个体和感病个体及病害胁迫后的抗病个体和感病个体整株；提取所有样品的总RNA，富集真核mRNA后，用超声波把mRNA打断；以片段化的mRNA为模版，合成双链cDNA，经过末端修复、加A尾并连接测序接头，用AMPure XP beads筛选

200bp左右的cDNA，进行PCR扩增，并再次使用AMPure XP beads纯化PCR产物，最终获得文库；获得后的文库，需要借助一些仪器进行质量控制，以保证之后测序的质量。检测合格的测序文库用于上机测序；对检测合格的cDNA文库进行稀释，使用二代测序和三代测序相结合的手段，通过三代测序获得全长转录本，利用二代测序进行RNA-seq分析。

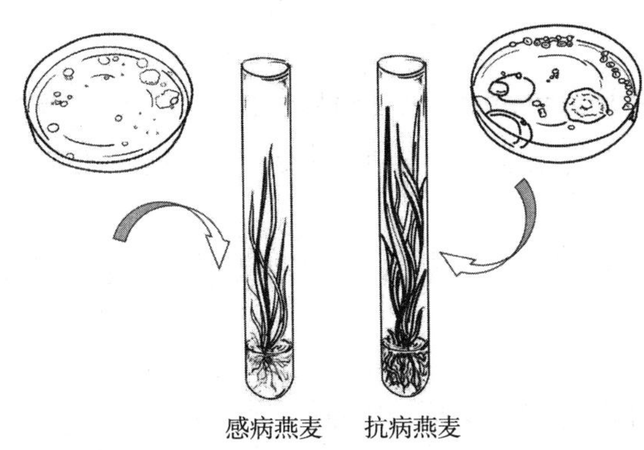

图5-6 转录组样品处理和制备

为了保证数据质量，要在生物信息分析前对原始数据进行数据过滤，以减少无效数据所带来的分析干扰。对下机的Raw reads利用fastp（https：//github.com/OpenGene/fastp）进行质控，过滤低质量数据、去除接头序列、去除污染序列，最终得到clean reads。这时获得的数据为进行后续数据分析的数据。

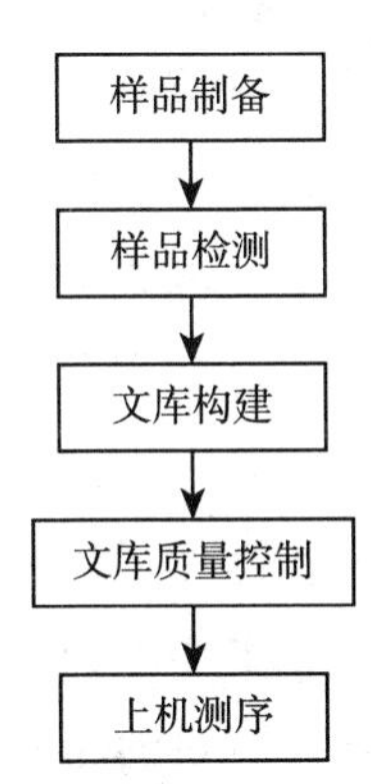

图5-7 转录组测序的过程

49. 如何对转录组数据进行分析？

以全长转录本为参考序列，进行序列的

比对，比对到的 reads 为 Mapped Reads，用于后面的分析。

各个基因的表达水平以 RPKM 值表示，再进行后续分析。FPKM 表示的是每百万 reads 中来自比对到某一基因每千碱基长度的 Reads 数量，这是转录组测序数据分析中常用的估算基因表达水平的方法。计算公式为：

$$\text{FPKM} = \frac{\text{cDNA Fragments}}{\text{Mapped Fragments(Millions)} \times \text{Transcript Length(kb)}}$$

其中：

cDNA Fragments：比对到某一转录本上的片段数目；

Mapped Fragments：比对到转录本上的片段总数，以 10^6 为单位；

Transcript Length（kb）：转录本长度，以 10^3 个碱基为单位。

50. 如何筛选差异表达基因？

到目前为止，已经对所有的有效基因进行了表达量的归一化，如何从中筛选出我们想要的基因，也就是与燕麦抗病性相关的基因呢？基因的表达具有时间和空间的特异性，外界环境的刺激会影响基因的表达。可以想象，在病菌侵染和未侵染状态下，燕麦中基因的表达会表现出差异。这种表达水平存在显著差异的基因，称为差异表达基因（Differentially Expressed Gene，DEG）。而找到这些基因，原则上来说，就是找到了与抗病性相关的基因。

采用 DESeq 软件进行样品组间的差异表达分析，对于本例，就是将抗病材料和感病材料，以及侵染前和侵染后的材料进行差异表达分析。这一过程，采用 Benjamini - hochberg 方法，进行多重假设检验校正 p 值（p - value），采用校正后的

p 值，也就是 FDR（False Discovery Rate）作为差异表达基因筛选的重要指标。设定一个阈值，比如 FDR<0.01 并且差异倍数≥2 作为筛选标准，经过软件筛选，就会得到低温胁迫下的上调及下调基因，随后对这些基因进行 GO、KEGG 等注释分析。结合这些基因的注释信息，综合其他物种中同源基因或相关通路的研究进展，利用生物信息学工具，综合分析，筛选出与燕麦抗病性相关的重要的候选基因。

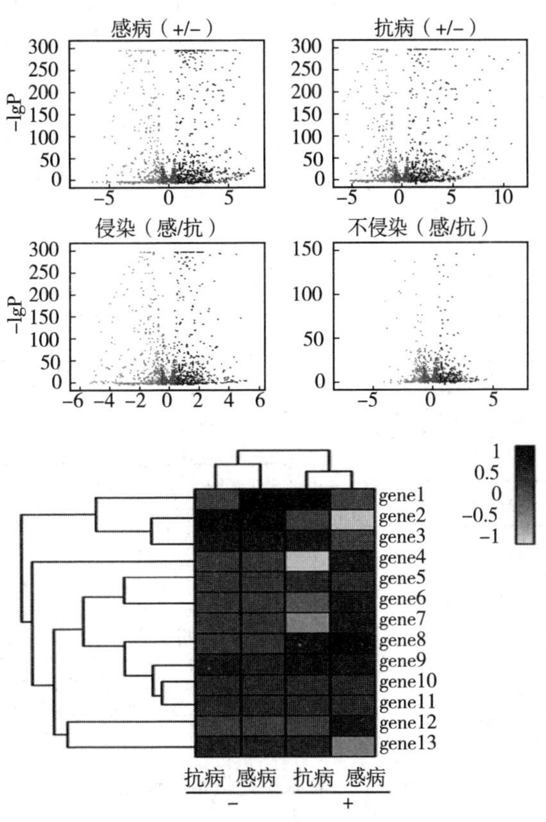

图 5-8 燕麦抗病基因的筛选

最后，利用分子生物学、生物化学和生物工程技术，检验基因的生物学功能。

51. 基因筛选的策略有哪些？

在基因筛选的过程中，要采取针对性的策略。首先，要从整体到局部，再到个体（也就是个别的基因）。利用转录组测序，最终获得的差异表达基因可能有几千个，我们不可能将这些基因全部进行研究，要针对自己的研究目的来筛选基因。

其次，要只针对有用的数据进行解读。在公司给出的结题报告中，会涉及几十条通路，在分析的时候，要提取前人已经证明了的与研究内容相关的（比如耐寒）重要的通路。

最后，附上一张转录组挖掘燕麦基因的基本流程图（图 5－9）。

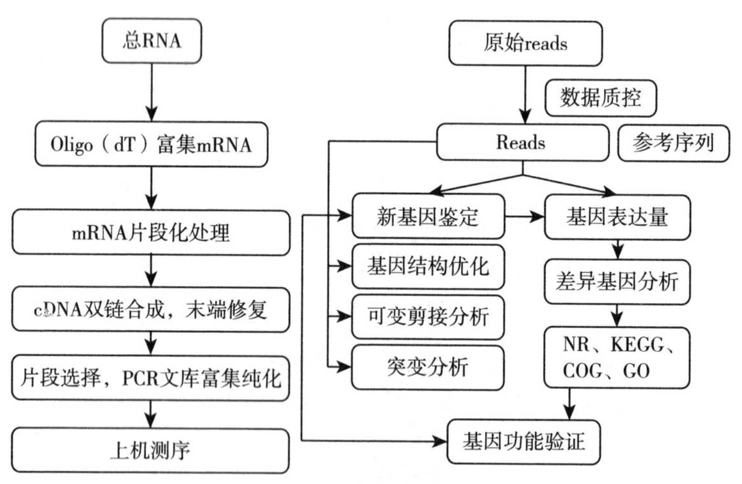

图 5－9　转录组挖掘基因流程

附　　录

附表 1　燕麦种质资源考察收集数据采集表

采集编号			采集日期		
采集单位			采集人		
种质名称			种名		
种质类型	1：野生资源　2：地方品种　3：选育品种　4：品系 5：遗传材料　6：其他				
标本编号			照片编号		
收集地点					
小生境					
经度		纬度		海拔	
土壤类型			生态类型		
植被类型			气候带		
种质分布状况	1：群生　2：散生　3：伴生　4：常见　5：偶见　6：稀缺				
群落主要植物成分					
植株描述					
根描述					
茎枝描述					
叶描述					
花描述					
果实描述					
种子描述					
病虫等描述					
选育单位			选育方法		
育成年份			亲本组合		
特异或变异性状附记					

填写说明：(1) 在考察收集燕麦种质资源时，不可能掌握或了解太多的数据和信息，仅要求将已知的或采集过程中可以随即观察、测量到的数据或有关信息，尽可能多的填写出来。(2) 表内已有代码的描述符，在相应的代码上打“√”即可。

附表 2　燕麦种质资源征集数据采集表

征集号		种质名称	
种质类型	1：野生资源　2：地方品种　3：选育品种　4：品系 5：遗传材料　6：其他		
种名			
种质来源	1：本省　2：外省　3：国外		
种质原产地			
收集种子数量	粒	收集种子重量	克
收集地点			
收集地经度		收集地纬度	
收集地海拔	米		
收集地年均气温	摄氏度	收集地年均降水量	毫米
收集地年均日照	小时	采集单位	
采集者		收集日期	
选育单位			
选育方法		育成年份	
亲本组合		推广面积	公顷
生长习性			
生活型			
主要生育期			
形态特征			
农艺性状			
抗逆性			
抗病虫性			
品质特性			
适口性	1：嗜食　2：喜食　3：乐食		
备注			

填写说明：(1) 要求将已知的或采集过程中可随即观察、测量到的数据和有关信息，尽可能多的填写出来。(2) 表内已有代码的描述符，在相应的代码上打“√”即可。

附表 3　燕麦种质资源引种数据采集表

引种号		种质名称	
种质类型	1：野生资源　2：地方品种　3：选育品种　4：品系 5：遗传材料　6：其他		
种名			
种质来源国		种质原产国	
种质原产地			
种质资源引入途径		引种单位	
引种者			
种子数量	粒	种子重量	克
选育单位			
选育方法		育成年份	
亲本组合		推广面积	公顷
生长习性			
生活型			
主要生育期			
形态特征			
农艺性状			
抗逆性			
抗病虫性			
品质特性			
适口性	1：嗜食　2：喜食　3：乐食　4：采食　5：少食		
备注			

填写说明：(1) 根据引进燕麦种质样本和有关信息或已了解的信息，尽可能多的填写出来。(2) 种质类型中，在相应的类型上打“√”即可。

附表 4　种子活力检测方法表

序号		测定指标	测定方法（参考文献）	优点	缺点
1	标准发芽试验测定	发芽速度测定	何龙生．水稻种子活力测定方法的初步研究［D］．杭州：浙江农林大学，2018.	准确地测定种子活力，试验法比较直观、指标明确	工作量大、耗时长、操作繁琐
		幼苗生长测定			
2	逆境抗性测定	加速老化测定	何龙生．水稻种子活力测定方法的初步研究［D］．杭州：浙江农林大学，2018.	受外界影响较小，准确地测定种子活力	工作量较大，相比标准发芽实验，不太直观
		干旱胁迫测定			
		盐胁迫测定			
		淹水胁迫测定			
		高温胁迫测定			
		低温胁迫测定			
3	生理生化测定	电导率测定法	张文明，郑文寅，任冲，赵斌，姚大年，王昌初．电导法测定大豆种子活力的初步研究［J］．种子，2003(2).	使用方便、检测迅速等优点，已被国际种子检验协会推荐为大粒豆类种子活力的测定方法	结果受环境影响大、对种子造成损伤，电导率测定法难以准确检测活力太低的种子
		可溶性糖含量测定			
		挥发性醛含量测定			
		α-淀粉酶活性测定			

（续）

序号		测定指标	测定方法（参考文献）	优点	缺点
3	生理生化测定	CAT（过氧化氢酶）活性测定	张文明，郑文寅，任冲，赵斌，姚大年，王昌初．电导法测定大豆种子活力的初步研究［J］．种子，2003（2）．	使用方便、检测迅速等优点，已被国际种子检验协会推荐为大粒豆类种子活力的测定方法	结果受环境影响大、对种子造成损伤，电导率测定法难以准确检测活力太低的种子
		POD（过氧化物酶）活性测定			
		脯氨酸含量测定			
		丙二醛含量测定			
4		TTC 定量法	胡晋．对种子活力测定方法—TTC 定量法的改进［J］．种子，1986（Z1）：73－74．	可以得到大量老化程度不同的种子，大大方便了种子活力的研究	结果受环境影响大、对种子造成损伤
5	分子生物学测定	PCR 技术检测	Robene I，Perret M，Jouen E，et al. Development and validation of a real－time quantitative PCR assay to detectXanthomonas axonopodis pv. allii from onion seed［J］．Microbiol Meth，2015（114）：78－86.	简便、不需预处理、无污染、无破坏和成本低等优点，可以灵敏地检测病菌、能够作为防止病菌的远距离传播重要方法	耗时耗力
6		分子测定	郑雅潞．小麦种子活力性状的关联分析及配合力分析［D］．杨凌：西北农林科技大学，2016.	用功能基因组学、蛋白质组学等手段从分子机理分析	价格昂贵

附表 5　种子活力无损检测表

序号	检测技术	特点
1	机器视觉技术	涉及计算机技术、图像处理、模式识别等多个领域的智能技术，在食品安全检测、生产制造和交通监控等行业有着广泛的应用，并取得了巨大的经济效益和社会效益。在种子活力的快速、准确、无损检测上有着良好的应用前景
2	近红外光谱检测技术	具有检测效率高、无污染、非破坏等特点，在种子活力检测的应用上成果显著。随着科学技术的发展，近红外光谱技术将有可能大大改善种子活力检测工作量大、时间长等工作现状，推动种子活力检测向批量化和产业化的方向发展
3	高光谱技术	在农业种子活力检测上，信息获取更加全面，作为一项高效、无损检测技术，能很好地应用于种子活力检测分析
4	激光散斑技术	在种子活力检测的应用上，尚处在初步应用阶段，相关性的研究成果较少，但在未来运用激光散斑技术对种子活力进行无损检测具有很大的潜力
5	软 X 射线技术	X 射线的检测原理主要是依靠 X 射线对物质的穿透性。当用 X 射线照射种子样品时，能在摄影胶片、制版片或荧光屏上形成种子样品的射线图像，显出种子内部的完整结构，如种皮、胚、胚乳和裂纹等均能在 X 射线图像上体现出来。根据种子的内部结构进而可以判断种子的虫蛀、裂纹、品种等情况。随着未来 X 射线技术与计算机数字图像技术的不断结合发展，X 射线在种子活力无损检测上将占据重要的地位
6	电子鼻技术	电子鼻是种子活力检测领域中一项新颖的技术，具有无损、操作简单、对样品不需要预处理、不会产生嗅觉疲劳等优点，但在检测混合气体时或有干扰气体存在等情况下，难以得到较高的检测和识别精度

参考文献

北方草场资源调查办公室 . 1986. 草场资源调查技术规程［M］. 北京：中国农业科技出版社 .

陈恩凤，王汝镛，王春裕 . 1979. 我国盐碱土改良研究的进展与展望［J］. 土壤通报（1）：3－6.

陈山，蒋尤泉 . 1982. 牧草资源调查方法［M］. //作物品种资源研究所 . 作物品种资源研究方法［G］. 北京：农业出版社 .

陈彦卓，宋永昌 . 1959. 野生资源植物调查手册［M］. 上海：上海科学技术出版社 .

韩冰，任卫波，田青松 . 2018. 燕麦饲草生产技术手册［M］. 中国农业科学技术出版社 .

韩冰，杨才，田青松 . 2017. 有机燕麦草生产［M］. 北京：中国农业科学技术出版社 .

侯向阳 . 2013. 中国草原科学［M］. 北京：科学出版社 .

侯鑫狄，贾玉山，包健，等 . 2018. 燕麦种子抗盐碱特性研究［J］. 草原与草业，30（3）：55－61.

蒋尤泉，徐柱 . 2004. 中国牧草遗传资源［C］. //徐柱 . 中国牧草手册. 北京：化学工业出版社 .

蒋尤泉 . 2007. 中国作物及其野生近缘植物（饲用及绿肥作物卷）［M］. 北京：中国农业出版社 .

李志勇，王宗礼，等 . 2005. 牧草种质资源描述规范和数据标准［M］. 北京：中国农业出版社 .

李志勇，王宗礼，等 . 2005. 牧草种质资源描述规范和数据标准

[M]. 北京：中国农业出版社.

麦克尼利，薛达元. 保护世界的生物多样性 [M]. 北京：中国环境科学出版社：19－68.

孟德政，奚为民，等. 1991. 北京山区野生经济植物资源手册 [M]. 北京：科技文献出版社.

沈振荣，杨万仁，徐秀梅. 2006. 不同盐分胁迫对苜蓿种子萌发的影响 [J]. 种子 (4)：37－40.

师文贵，李志勇，卢新雄，等. 2009. 国家多年生牧草种质圃资源保存规程 [M]. 中国草地学报，31 (6)：109－112.

史宝胜，刘冬云，孟祥书，等. 2007. NaCl、Na_2SO_4 胁迫下盐蒿种子萌发过程中的生理变化 [J]. 西北林学院学报 (5)：45－48.

唐佳红. 2014. 盐碱胁迫对燕麦幼苗不同叶位叶片生长与生理代谢的影响 [D]：长春：东北师范大学.

王波，宋凤斌. 2006. 燕麦对盐碱胁迫的反应和适应性 [J]. 生态环境 (3)：177－181.

尉晶. 2017. 浅析盐碱胁迫对燕麦种子萌发和幼苗的影响 [J]. 黑龙江八一农垦大学学报，29 (5)：17－19，92.

张海南. 2014. 不同种类碱茅牧草的耐盐性研究 [D]. 银川：青海大学.

赵来喜，卢新雄，等. 2017. 牧草种质资源收集技术描述规范和数据标准 [M]. 北京：中国农业科学技术出版社.

赵秀芳，戎郁萍，赵来喜. 2007. 我国燕麦种质资源的收集和评价 [J]. 草业科学，24 (3)：36－40.

赵秀芳，宋国香，谢志远，等. 2017. 我国盐碱土修复现状与特点 [J]. 环境卫生工程，25 (4)：100－103.

郑殿升，刘旭，卢新雄，等. 2007. 农作物种质资源收集技术规程 [M]. 北京：中国农业出版社.

中国科学院植物研究所资源组. 1958. 野生有用植物调查简明手册

[M]. 北京：科学普及出版社.

周婵，杨允菲. 2004. 盐碱胁迫下羊草种子的萌发特性 [J]. 草业科学 (7)：36 - 38.

Kanehisa, M., Araki, M., Goto, S., Hattori, M., Itoh, M., Hirakawa, M., Katayama, T., Kawashima, S., Okuda, S., Tokimatsu, T., Yamanishi, Y. 2008. KEGG for linking genomes to life and the environment [J]. Nucleic Acids Res., 36 (Database issue): 480 - 484.

Mortazavi, A., B. A. Williams, McCue, K., Schaeffer, L., Wold, B. 2008. Mapping and quantifying mammalian transcriptomes by RNA-Seq [J]. Nature Methods, 5 (7): 621 - 628.

图书在版编目（CIP）数据

苜蓿燕麦科普系列丛书．燕麦种质篇 / 贠旭江总主编；全国畜牧总站编．—北京：中国农业出版社，2020.12

ISBN 978-7-109-27464-8

Ⅰ.①苜…　Ⅱ.①贠…②全…　Ⅲ.①燕麦一种质资源　Ⅳ.①S541②S512.6

中国版本图书馆 CIP 数据核字（2020）第 194951 号

中国农业出版社出版
地址：北京市朝阳区麦子店街 18 号楼
邮编：100125
责任编辑：赵　刚
版式设计：王　晨　　责任校对：吴丽婷
印刷：中农印务有限公司
版次：2020 年 12 月第 1 版
印次：2020 年 12 月北京第 1 次印刷
发行：新华书店北京发行所
开本：880mm×1230mm　1/32
印张：2.5
字数：50 千字
定价：25.00 元
